JN222537

生物環境の科学

（改訂版）生物環境の科学（'25）

©2025　加藤和弘

装丁デザイン：牧野剛士
本文デザイン：畑中　猛

s-74

まえがき

「生物環境の科学」では，野外で生きる生物にとって環境とは何か，生物と環境の間にどのような関係が見られるのかについて学んでいただきます。

環境を考えるためには，まず，主体を特定します。同じ場所に生息する生物であっても，そこに生えているサクラ（ソメイヨシノ）の木にとっての環境と，サクラの木に止まっているカラス（ハシブトガラス）にとっての環境は違います。主体がサクラの木であるかカラスであるかによって，環境を構成する要素や，それぞれの要素が持つ意味が異なるのです。主体を意識し，主体にとっての環境を認識し，主体と環境の間の関係を把握する。この一連の思考が自然に浮かんでくることが理想です。その際，主体にとって必要なもの（資源）が環境からどのように獲得されるのか，主体を損なうような作用（ストレス）の要因が環境においてどのような形で生じるのかに，注目するとよいでしょう。

第２章から第９章においては，主な環境条件について解説しました。気象（第２章）や地形（第３章）といった一般的な自然環境条件のほか，周囲に生息する他の生物（第４章～第７章）についても触れました。注目するある生物にとって周りに生息する他の生物は，時には資源であり，時にはストレスの元であり，また時には，資源を巡る競争の相手であったり，生活に欠かせないパートナーであったりします。最近では，外来生物の生息域拡大が，在来の生物の生息を脅かすという形で問題となることも増えています。生物同士の関係を生物にとっての環境の問題として捉える視点が必要になってきているとも言えるでしょう。

生息場所における撹乱（第８章）は，生物群集を破壊することで，生物間で決着していた競争をやり直させる現象として捉えることができます。生息場所を取り巻く空間の様子（**第９章**）は，人間が生物の生息場所を分断し断片化することが多くなった今日，人間の活動が盛んな都市や農村などで生物の生息場所の価値を左右する主要な要因になっています。この機会に理解を深めていただければ幸いです。

第10章から**第12章**では，都市，農村，河川を取り上げ，それぞれにおいて何が生物の生息状況に影響しているのかを概説しました。**第９章**までに取り上げられた事項を踏まえつつ，人間の活動の影響下で生物がどのように資源を得ているのかに注目して学んでいただくとよいでしょう。最後の３つの章では，生物とその環境の関係が，生物多様性や生物の進化といった生態学の主要な問題に深く関わっていることを紹介しました。

「生物環境の科学」の授業ならびに印刷教材は，生物にとっての環境というテーマに関心はあるけれど，これまでその内容を学ぶ機会がなかった，あるいはだいぶ以前に学んだだけでその後離れてしまっていたという方々を念頭に置いて作られています。つまり，高度な専門知識なしで学んでいただけるように意識しています。授業で学び，あるいはこの印刷教材をお読みになって，生物にとっての環境に対する関心を強くしていただけたなら，主任講師として大変うれしく思います。

本印刷教材を刊行するにあたり，放送大学教育振興会の室町幸喜さんには，編集の全般にわたって大変お世話になりました。ここに記してお礼を申し上げます。私がこのテーマについて学び研究する際にご指導を賜りました，東京大学名誉教授の松本忠夫先生に，改めて感謝の意を表します。

2025年３月

加藤和弘

目 次

1　生物にとって環境とは何か

《目標＆ポイント》 野外での生物の生息状況を考える際には，「環境」という言葉，あるいは考え方がしばしば登場する。本章では，環境とはどのようなものであるか，環境として何をどのように考えればよいかを紹介する。環境を考える際には，何にとっての環境であるかを意識することが重要である。言い換えれば，主体を意識する必要があるということである。同じ生息場所であっても，そこに生息する何を主体とするかによって扱うべき環境は異なり得る。そこで本章では，生態学的現象を考える上での主体の捉え方，さらには主体が利用している空間の捉え方についても紹介する。
《キーワード》 環境，主体，個体，個体群，群集，生息場所，ビオトープ，ランドスケープ，生態系

1.1　環境の意味

環境とは，注目している対象（**主体**；自分自身が主体であることもある）の周囲にある事物を意味する。主体の外側を取り巻くものの総体とも言える。では，主体とは何であろうか。一般には，性質，状態，作用，行動などの担い手を主体と呼ぶ。そうであるなら，生態学的現象を考える場合の主体は，個々の**生物個体**となるのが自然である。実際には，複数の個体の集まりである**個体群**や**群集**を主体と見なす場合もある（個体，個体群，群集の意味は，本章の「**1.2　生態学的現象における主体の捉え方**」で説明する）。環境を厳密に議論する際には，その主体が何であるかを明確にすることが必要であり，何にとっての環境なのかを意識し

なければならない。

生態学においては，ある場所に生息する生物★1のそれぞれの個体や個体群，あるいは群集を主体と考え，それらにとっての環境とあわせて一つの系（システム）として理解する。主体を取り巻く環境を構成する要素として，具体的には，生物が生きていくために必要な空気や水，土壌★2をまず挙げることができる。そして，これらのあり方を規定する主要な要因である気候（第２章）や地形（第３章），あるいは空気や水，土壌の物理的・化学的性質に影響を与える要因が，生物にとっての環境を考える上で重視される。物理的・化学的性質に影響を与える現象としては，基盤岩からの物質の溶出や火山活動による地下から地表への物質の移動，海水中の物質の風による陸地への運搬などがあり，それぞれの場所における基盤岩の状態や火山活動の程度，海洋との関係などが，空気や水，土壌の物理的・化学的性質に影響を与える要因として捉えられる。最近では人間活動に伴う化学物質の放出，すなわち大気汚染や水質の悪化（酸性化や富栄養化を含む；第１２章），土壌汚染といった現象が注目されている。加えて，周囲に生息する他の生物は，主体として考える生物の生息に強い影響を及ぼす（第４章～第８章）。さらに，ある生物の周囲を直接取り巻いている事物だけでなく，その外側に位置する空間の状況もまた，生物の生息の可否，適否を左右することがある（第９章～第１１章）。

1.2　生態学的現象における主体の捉え方

1.2.1　個体

生物は，生きている状態を維持するために何らかの代謝活動をしなけ

★1 ——植物だけ，ツキノワグマだけ，土壌の中の生物だけ，といった形で，考慮の対象となる主体の範囲を限定する場合がある。

★2 ——土と土壌の違いが気になるかもしれないが，両者の間には本質的な違いはない。生物に由来する物質（死骸や排出物）の混入や，生物の働きによる物性の変化に注目する場合には土壌と呼ぶことが多い。

ればならない。光合成植物なら，二酸化炭素と水，そして光エネルギーを取り入れて光合成を行い，動物なら，エネルギー源である食物を摂取し，酸素呼吸をする。そして，生物体を保つ上で必要な物質を作り出し，不要な物質を排出する。このような物質代謝を独立して行っている最小の単位が生物個体（以下，単に**個体**とする）である。また，生物は繁殖して子孫を残すが，繁殖の際に親となるまとまりを個体と考えることもできる★3。したがって，人間の一人一人も，もちろん生物学的には単一の個体である。

ほとんどの場合，個体は単独で生きているわけではない。ある個体の周りには，同種あるいは異種の別の個体が生きており，これらの個体間には，何らかの関係（**相互作用**）が認められる。そのような関係を無視して個体がどのように生きているのかを考えるのは，個体の生き方を正しく理解するためには適当ではない。そこで，同じ場所に時を同じくして（**同時同所的に**）**生息**★4する個体の集まりを考えるために，個体群，群集という枠組みが用意されている（**表 1-1**）。これらについて次に説明する。

1.2.2　個体群

同時同所的に生息する同種の個体の集合を**個体群**と呼ぶ。**種**とは何であるかを厳密に定義することは，今日の生物学においてもなお重要な問題の一つであるが（「**コラム 1-2**」を参照），ここでは，繁殖の相手として認識される可能性がある個体を同種の個体と見なす。その上で，実際に繁殖したか，繁殖の可能性がある雌雄の個体の集まり，および親子

★3 ――多くの動物の場合には個体であるかどうかの判断は容易であるが，植物や菌類，あるいはサンゴやコケムシなど群体性動物の場合は，どこまでが同じ個体であるのか判断が難しい場合がある（植物については「**コラム 1-1**」を参照）。

★4 ――種類を問わず，生物がある場所で生活していることを生息という。植物が生活していることを指す場合は，特に生育と呼ぶことが多い。本書では，植物が生息していることを意味する場合には生育と表現するが，生物の種類を特に問わない場合や，植物とそれ以外の生物をともに含む場合には，生息と記す。

表 1-1　生物学的現象の階層レベル

単位の名称	概要	対応する空間概念	
オルガネラ	細胞内の小器官	細胞内	生理学，細胞学など，よりミクロな現象を扱う生物学の対象
細胞	組織の形成単位	組織・器官内	
組織・器官	個体の形成単位	個体内	
個体	採食，繁殖などの行動における単位	ハビタット	生態学，行動学など，よりマクロな現象を扱う生物学の対象
個体群	同時同所的に生息・生育する同一種の個体の集合	ハビタット	
群集	同時同所的に生息・生育する異種の個体群の集合（植物だけを考慮する場合は「群落」と呼ぶことが多い）	ビオトープ（ランドスケープ・エレメント，生態系※）	

※「生態系」は厳密には空間の概念ではないが，生物群集とそれにとっての環境を要素とするシステムであり，この表にあえて含めるならここに位置する（本章の「1.4　生態系とは何か」を参照）。

コラム 1-1　植物にとって個体とは何か

植物の中でも，タケの仲間を考えてみよう。地上の部分だけを見ると，一本一本の稈（かん）（イネ科の植物に見られる中空の茎のことをこのように呼ぶ）は独立していて，それぞれが別の個体であるように見える。しかし実際には，隣接している稈は地下茎によってつながっている。タケは，地下茎を次々と周囲に伸ばし，伸ばした先から新たな稈を立ち上げる。地上に出てきたばかりの新しい稈が，いわゆるタケノコである。このような成長過程をたどることを考えると，地下茎でつながった稈の全てを一個体と考えるのが正しいようにも考えられる。

さらには，一本の稈の根元を掘って隣接する稈との間の地下茎を切断し，稈を掘り上げた上で別の場所に移植してみよう。タケの仲間の移植は難しいが，適期を選び，水の管理を適切に行うことで可能である。移植したタケが無事活着した場合，これは新しい個体となるのか，あるいはもともと地下茎でつながっていた個体の一部が別の場所で生育を開始したと考えるべきなのかという疑問が生じる。

このような疑問が生じる植物については，ラメット，ジェネットという単位が用いられる。見かけ上は独立した個体のように見える部分がラメット，遺伝的に同一の個体と考えるべき部分がジェネットとなる。上述のタケの場合，一つ一つの稈がラメット，地下茎でつながっている稈全体がジェネットである（図）。何らかの作用でジェネットの一部が分離して離れた場所で生育を開始した場合でも，遺伝的な状態が同じであれば，同じジェネットと見なす。

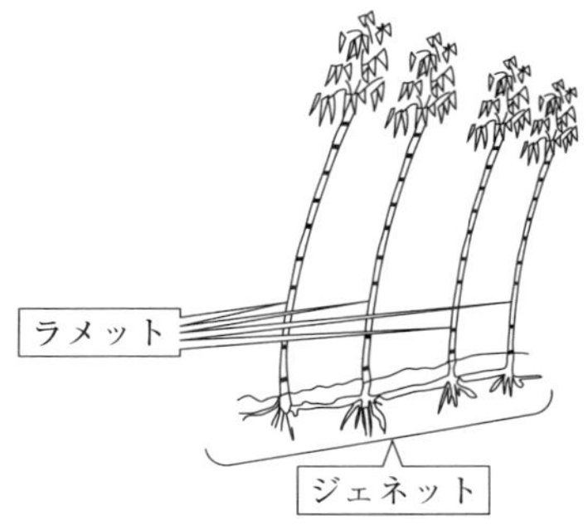

図　タケのラメットとジェネット
この図では4本の稈が描かれており，ラメットの数は4である。全ての稈（ラメット）は地下茎でつながっており，遺伝的には同一の個体と見なし得る。したがって，ジェネットの数は1となる。

など血縁関係にある個体の集まりの総体を個体群とする。野外に生息する個体は，有性生殖をしようとする限り，同種の他の個体を必要とする。動物の場合は，集団（群れ）を形成することで捕食者からの回避において有利となる場合が多いことも知られている。そこで，生物の繁殖や一部の行動については，個体群を単位として考えるとよく理解できる。

個体群の状態は，その個体群を構成する個体の数（**個体数**），すなわち**個体群サイズ**によって表現される。個体群サイズは，個体群に属する個体の死亡や個体群外への移動（**移出**）によって減少し，新たな個体の出生や個体群の外にいた個体の**移入**によって増加する。個体群サイズの増加要因である出生と移入をあわせて**加入**と呼び，減少要因である死亡と移出をあわせて**消失**と呼ぶこともある。加入が消失より大きい個体群は**成長**（＝個体数が増加）する。その逆の場合，個体群は**衰退**（＝個体数が減少）する。単位時間あたりの個体数の変化の大きさを，個体群の**成長速度**という。衰退している個体群の成長速度は，負の値をとる。

個体群サイズを考える場合は，個体群が利用可能な資源★5の量とのバランスを考える必要もある。資源量が十分ではないところで個体群サイズが増大すると，資源を巡る個体間の競争が激しくなり，個体群の成長は制約を受ける。こうした問題を考える際の主要な指標が**個体密度**であり，単位面積あたりの個体数で表現される。

今そこに存在する個体群が今後どのように変化するかを考える場合，その個体群を構成する個体の**齢構成**（れいこうせい）や雌雄の**性比**が重要になる。若い個体が多い個体群は当分の間成長することが期待できるし，若い個体に比して高齢の個体が多い個体群は衰退の危険性が高い。

コラム 1-2 種とは何か

生物の種をどのように決めるのかは，実は今でも万人が納得できる結論が得られていない問題である。主な考え方としては，以下のようなものがある。

(1) 生物学的な種

種とは互いに生殖可能な個体の集団であると考える。ここで生殖可能というのは，実際に生殖を行っていなくとも潜在的に生殖が可能な状態にあればよい。ただし，人為的に移動させるなど，自然条件下では起こり得ない状況の下で初めて生殖可能になるような個体の組み合わせの場合，つまり，生理学的には生殖し，子孫を残し得る状態にあっても，生態学的に生殖が不可能な状況にある二個体の場合には，生殖隔離が起こっているもの

★5 ――生活に必要な空間（営巣場所や塒（ねぐら）をとるための場所など）や食物など，個体の生息や個体群の存続に必要なものを資源と見なす。有性生殖を行う生物の生態を考える際には，繁殖相手となり得る異性の個体を資源として扱うこともある。植物の一部の種にとっては，花粉や種子を運ぶ動物が資源となり得る。

と見なし，それぞれの個体は別種であると考える。

(2) 配偶者としての認知可能性に基づく種

本章は，この考え方に従って記述している。動物は繁殖の相手を探すにあたり，色彩，形態，動作，音声，においなどの刺激を利用する。繁殖相手として認知することができた個体同士で繁殖行動がなされ，子孫を残すことができる。そうであれば，繁殖相手として認知されない他個体との間で子孫を残すことはない。このように，繁殖相手として認知されない個体同士は別種と考える。植物でも，花粉や精子といった雄性配偶子と雌性配偶子（卵）の間で，受精可能な場合とそうでない場合が存在する。受精可能な状態を配偶子和合性，受精できない状態を配偶子不和合性と呼び，二つの植物個体群の間で配偶子和合性が認められない場合は，両個体群はそれぞれ別の種に属すると見なされる。

(3) 系統学的な種

染色体やDNAなどの遺伝に関係する物質あるいは遺伝情報の観点から，共通の祖先を持つと考えられる生物全ての集団（単系統群）の中で，遺伝形質（遺伝情報）の類似性が最も高くなる集団。二つの個体を考えた時に，その共通の祖先よりも新しい時代に分化した系統があり，それが別種とされるのであれば，この二つの個体もまた異なる種に属するとされる。近年一般的になりつつある考え方だが，遺伝情報を詳細に検討することができるようになった結果，この考え方を厳密に適用した場合には，種の細分化が過剰に進むと懸念する意見もある。

(4) 形態的な種

同一種に属する個体であれば外観や解剖学的な特徴が類似しているが，外観や解剖学的特徴に違いが認められる個体は異なる種に属する，という考え方。生物が同種の個体を探す際には，人間が視覚的に得る情報と同じものを利用しているとは限らず，生物の繁殖における実態を反映しているとは限らないという批判はある。しかし，実用性に優れるため広く利用されている。繁殖の可能性を最大限考慮するため，生殖器の構造上の類似性や相違を重視して種の分類がなされることもある。

これら以外のものも含め，どの考え方にも一長一短がある。全ての生物，あらゆる状況において適切な考え方は今のところ存在しないと言えるだろう。

1.2.3 群集

自然界では，ある時点のある場所に，ただ一種の個体の集団（個体群）のみが生息しているという状況は稀であり，通常は複数種の個体群が生息している。異種の個体群間では，同じ**資源**を巡って**競争**★6 したり，食う食われる（**捕食**と**被食**）の関係があったりする。A 種という植物を B 種という昆虫が食べ，それを C 種という別の昆虫が食べて，さらにそれを D 種という鳥が食べるという場合には，A 種と D 種の間には直接の関係はないけれど，B 種および C 種を介して間接的に関係している。こうした間接的な関係まで含めると，同時同所的に生息している異種の個体群の間には，何らかの関係があると考えるのが自然である。このような個体群の総体を**生物群集**，あるいは単に**群集**と呼ぶ。

個体群にとっては個体数（個体群サイズ）がまず重要な属性であるが，群集の場合は，その群集がどれだけの種で構成されているか，つまり，**種の豊富さ**が重要な属性となる。その上で，種の構成，すなわち**種組成**★7 も問題とされる。

実際の調査研究において，ある場所に生息する生物の全ての種を把握することはほぼ不可能である。そのため，生物全体の中の特定のグループに属する種だけを対象として，それらの種の個体群の集まりとして群集を捉えることが普通に行われる。例としては，鳥類群集，魚類群集など，特定の分類群を対象とする場合や，土壌動物群集，（海洋沿岸，河川水底などの）付着生物群集など，ある場所における特定の部位に生息する生物を対象とする場合がある。

★6 ――自然界における植物にとって，光合成のためのエネルギー源である太陽光は重要な資源である。太陽光を巡る競争は，より高い場所でより広い範囲に枝葉を広げようと，互いに競って伸長するという形をとりやすい。

★7 ――どのような種が見られるかという情報（種のリスト）に加えて，それぞれの種がどれだけの優占度（第４章の脚注４を参照）で生息しているかという情報もあわせて種組成とする場合もある。なお，現地での観察により記録される種は，実際に生息している種の一部であることが普通である。

1.3　生物が利用している空間

生物にとっての環境条件を考える際には，主体として想定する個体，個体群あるいは群集が利用している空間を把握できると都合が良い。その空間における事物とそのあり方を知ることで，主体にとっての環境がどのようであるのかを推定できるからである。

植物や菌類など，通常はほぼ移動しない生物の場合，それが現に生きている空間がすなわち利用している空間であり，**生育場所**あるいは**生息場所**と呼ばれる。英語表現に基づき**ハビタット**と表現される場合もある。一方で動物は，ほとんどの個体が生活する上で移動をする。そのため，植物や菌類の場合と異なり，ある時点で対象となる動物の個体や個体群がいた場所を，直ちにその個体や個体群の生息場所とするわけにはいかない。動物が利用する空間を把握するためには，個体の移動やそれぞれの場所での行動を考慮する必要がある。

1.3.1　動物の個体が利用する空間

ここでは，動物の個体が利用する空間の定義としてよく利用される3種類を紹介する。

対象となる動物個体が生息のために利用している空間として包括的に捉えられるのが，**生息場所**，あるいは**ハビタット**である。動物の中には，採食時と営巣時とで異なった種類の空間を利用したり★8，繁殖時と越冬時とで異なった種類の空間を利用したりするなど，複数の種類の空間を生活上の目的に応じて使い分けるものが多い。そのような動物を対象として生息場所を考える場合には，生息場所の内部に状態が異なる複数の種類の空間が含まれる。この時，生活の中で特に重要な活動である採食（採餌とも表現されるが，以下，採食で統一する）を行う空間は，**採食**

★8 ――例えば，日本で繁殖する猛禽（もうきん）類の一種であるサシバは，樹林地で営巣するが，食物の多くは水田や草地でとる。第11章を参照。

場所あるいは**採食ハビタット**として，特に区別されることがある。同様に，**営巣場所**，**就塒場所**など，巣を作って繁殖したり，多くの個体が集まって塒をとったりする，生活上の重要な意味を持つ行動が見られる場所についても，区別して表される。

対象とする生物の生息場所として利用される条件を満たしながら，実際には利用されていない空間を，**潜在的な生息場所**として取り扱うこともある。生物の移動能力に限りがあったり，生物の移動が障害物などにより制約されていたりする結果として生物が到達できないままになっていることが，背景にあることが多い。

動物個体が採食，交尾，育児などの通常の活動をするために用いる空間のことを，**ホームレンジ**あるいは**生活圏**，**行動圏**と呼ぶ★9。言い換えれば，生息場所の中でも日常的に高い頻度で利用される部分ということである。

動物個体は活動の大半をホームレンジの中で行う。その際に，食物や交尾相手を巡って競争する関係にある他個体と遭遇し，それを排除しようとすることがある。この排除の行動はホームレンジ全域で起こるわけではなく，主体となる個体にとって特に重要な意味を持つ範囲内でのみ生じる（図 1-1）。このように，競争関係にある他個体から防衛しようとする空間のことを**テリトリー**，あるいは**なわばり**と呼ぶ。ただし，テリトリーは全ての個体が形成するわけではない。テリトリーを維持するためには多くの労力を必要とするため，力の強い個体はテリトリーを守ろうとする一方で，力の弱い個体はテリトリーを守っている個体の隙をついて，テリトリーの内部にある食物をかすめとったり，異性の個体と繁殖を試みたりする。繁殖時にそのような行動を示す個体を動物行動学では**スニーカー**と呼んでいる。

★9 ――動物の中には，同じ個体群に属する個体がまとまって行動するものもある。この場合には，個体群のホームレンジを考えることができる。次に述べるテリトリーについても同様で，個体群としてのテリトリーが形成されることもある。

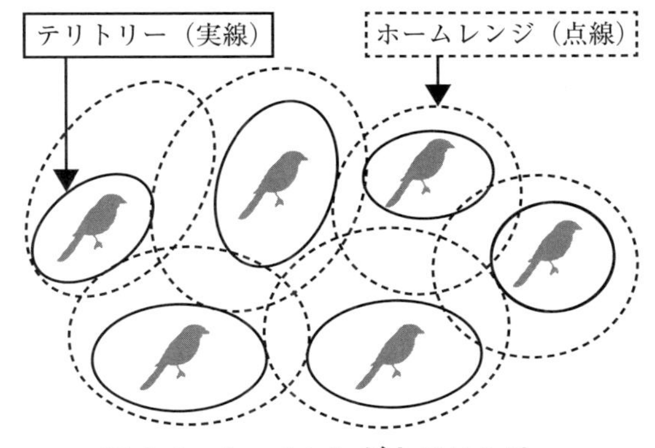

図 1-1　ホームレンジとテリトリー

実線はテリトリーを，点線はホームレンジを意味している。ある個体のテリトリーはその個体のホームレンジに含まれる。ホームレンジは複数の個体のものが重なり合うことが普通。食物などの資源を巡って競争関係にある個体のテリトリーは，互いに重なり合わない。ある個体のテリトリーに他の個体が侵入すると，侵入を受けた個体は侵入した個体を排除しようとする。多くの場合，排除する側の勝利に終わる。

1.3.2　個体群が利用する空間

個体群についても，その生活が営まれる空間を考えることができる。個々の個体の場合と同様，個体群が生活のために利用している空間全体という包括的な領域を，まず考えることができる。これが，個体群の**生息場所**あるいは**ハビタット**であり，個体についてのものと同様に，内部に異なった種類の空間を含むことがある。

個体群は複数の個体を含むため，その生息場所の中における個体の分布を考えることができる。個体群が利用する資源が均一に分布していて，個々の個体が生息場所の中で自由に移動することができれば，個体の分布もまた均一に近くなると期待できる。しかし実際には，資源の分布は一様ではないことが多い。例えば，資源がパッチ状に分布していれば，そのパッチの部分で個体の密度が高く，それ以外の部分では個体の密度が低いという状況が生じる（図 1-2）。このような場合，パッチごとに独立した個体群が成立するようにも見えるが，実際には少数の個体が低い頻度でパッチ間を移動する。そのため，異なるパッチにおける個体の集合は完全に独立した個体群ではなく，個体の移動によって結びついた全てのパッチの個体が，全体として一つの個体群を形作ると考える。このような状況にある個体群について，個々のパッチで見られる個体の集合を**局所個体群**，個体の移動が起こっているパッチ全体における個体の集合を**メタ個体群**と呼ぶ。メタ個体群については，第 9 章で取り上げる。

1.3.3　群集にとっての生息場所

複数の個体の集まりである個体群について生息場所を考えることができるならば，群集についても生息場所を考えることはできるのだろうか。

個体群は，同種の個体の集まりであるが，群集は異種の個体の集まりである。そのため，個体群と同じように生息場所を考えることはできない。例えば，林に見られる生物の群集を考えてみよう。多くの昆虫や一部の鳥類は，採食も繁殖も林の中で行う。しかし中には，林で営巣するけれども，採食は近くの草地や水田など林の外で行う生物もある。ある林で見られる生物の全ての個体群の生息場所の総体をもって，その林に見られる生物群集の生息場所と定義しようとすると，林外の様々な空間を含む広い範囲が含まれてしまう。その範囲を決定することは困難であるばかりでなく，そのような形で群集の生息場所を決めたとしても，その意義をどう理解すべきか，判断が難しい。

では，群集の生息場所という考え方が無意味なのだろうか。実際に，

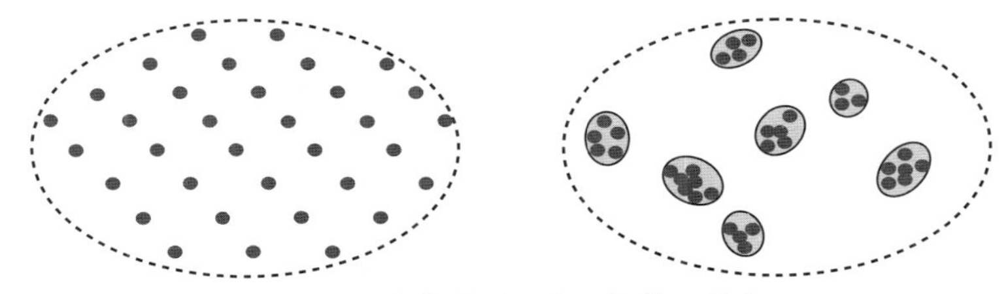

図 1-2　生息場所の中の個体の分布
点線枠内が生息場所，黒丸が個体。左のように生息場所内に個体が均一に分布している場合もあれば，右のようにパッチ状に個体が分布している場合もある。個々の灰色の楕円はパッチと見なし得る領域を示す。

野外に出て様々な場所で観察できる生物の種組成を調べていくと，種組成がおおむね似通った空間が，ある程度まとまって存在することに気づく。例えば，一続きの林の中では，場所によって生えている植物の種類や鳥や昆虫，小型の節足動物等の種類が違ってくることはあっても，林内の場所による種組成の違いは，林の内外の間での種組成の違いよりもずっと小さい。つまり，連続した林の中は，生物の種組成がおおむね類似した空間と見なすことができる。

このように，ある範囲の中で特徴的な種組成が認められる場合，言い換えれば，同じ種組成の生物群集が連続して分布している空間を考えることができる場合には，そのような範囲，空間を，その生物群集の生息場所と考えることができる。このようにして定義されている空間が，**ビオトープ**（ドイツ語の biotop に由来する；英語では biotope）である。Blab（1993）によれば，ビオトープとは生物群集の生息場所であり，一続きの生態系（本章の「**1.4　生態系とは何か**」を参照）が存在する範囲と見なされる。見かけから判別可能な境界によって区切ることができ，その内部は生物相★10，特に植生★11 によって特徴づけられる。

★ 10 ――その場所に生息する生物の全ての種，あるいは種構成。生物種のリスト（目録・一覧）の意味で用いられることもある。植物のみを対象とする場合は植物相，動物のみを対象する場合は動物相という。

★ 11 ――ある場所に生育する植物の総体を指す。**第４章**で説明する。

このビオトープという言葉は，上述した本来の意味とは異なる意味で使われることがある。一つは，個体および個体群の生息場所であるハビタットとの混同である。実際には，ハビタットは個体や個体群の生息場所であり，同一の空間が様々な個体あるいは個体群のハビタットとして共有され得るのに対し，ビオトープは群集に対応する空間であり，原則としてある地点はただ一つのビオトープに属する★[12]。そのため，地図をビオトープで塗り分けることは可能であるが（ビオトープ地図と呼ばれる），ハビタットで塗り分けようとすると多くの重複が生じてしまう。さらには，ビオトープは生物相，特に植生の点でおおむね均質な空間であるが，ハビタットはそうとは限らない。

もう一つ，特に日本国内では，人為的に形成された生物の生息場所，あるいは生息する生物の種類が豊富な場所という意味で，ビオトープという語が使われることがある。本来の語義ではないが，そのような意味で使われる言葉でもある，と認識しておくのが良い。

1.3.4 ランドスケープ

ビオトープが認識できる状況では，異なった種類のビオトープが隣接して，より広い空間を形作っていると考えることができる。そのような空間を**ランドスケープ**（**景観**）と呼ぶ。それは空間的に隣接し，その結果として相互に影響を及ぼし合っているビオトープの集合で構成される不均一な空間の広がりである。しかし，ランドスケープの中でのビオトープの組成や配置には何らかの規則性があるため，その結果としてランドスケープは認識可能な一つのまとまりとして見ることができる。例

★ 12 ——階層的に分類されたビオトープのタイプにそれぞれの場所を割り当てる場合にはその限りでない。ある一地点は上位，下位それぞれのビオトープタイプのいずれか一つに属する。例えば，森林のビオトープが針葉樹林のビオトープと広葉樹林のビオトープに細分されているとする。同じ場所が，上位の分類を用いたビオトープ地図では森林に，下位の分類を用いたビオトープ地図では針葉樹林（または広葉樹林）に分けられることになる。

えば，地形などの自然立地条件と，それにある程度対応して営まれる人間活動によってビオトープの種類と配置が規定されているなら，自然立地条件と人間活動が大きく変わらない範囲の中では，連続して同一のランドスケープが形成される。

ランドスケープのサイズは一定ではないが，便宜的に，おおむね数 km から数十 km のスケールで広がる空間をランドスケープとして考慮することが多い（Forman と Godron, 1986）。なお，ランドスケープを構成する空間単位は，ビオトープとは呼ばず，**ランドスケープ・エレメント**と呼ぶことも多い。

ランドスケープは，空間だけを指すこともあるが，空間に加えて，そこにおける人間や人間以外の生物，およびそれらの活動を全て含めた概念とされることもある（Forman と Godron, 1986）。この場合ランドスケープは，相互に影響を及ぼし合っている複数の生態系とそれらを成り立たせている空間（ビオトープ）の集合体として考えることができる（図 1-3）。生態系については次に説明する。

1.4　生態系とは何か

生態系は，生物個体の集合でもなければ，生物個体や個体群，群集が生活する空間でもない。したがって，個体から群集に至る生態学的現象の主体の系列，あるいはハビタットからランドスケープに至る空間の系列には乗せにくい。

生物の個体や，その集合である個体群，群集は，それらの生息場所における様々な生物や非生物の物体と関わりを持ち，さらに太陽光など外部から供給されるエネルギーを直接，間接に利用しながら生活している。異なった生物の間や，生物と非生物の間の関係，すなわち**相互作用**だけでなく，非生物同士の相互作用も起こっている。相互作用には物質やエ

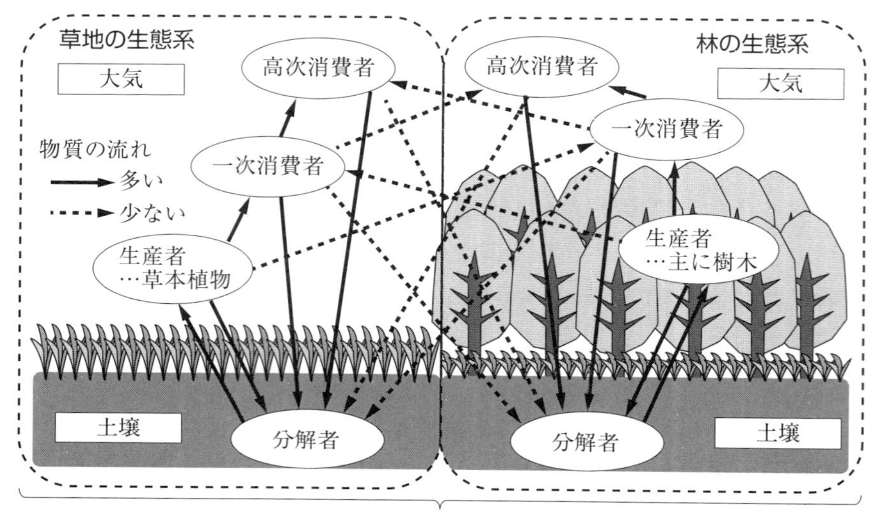

図 1-3　生物群集，生態系，およびランドスケープの関係
楕円で囲まれているのは，それぞれの場所における生物のグループ。草地に見られる生物の全体が草地の生物群集であり，林についても同様。長方形で囲われているのは，生態系を構成する非生物の要素の一部。このほか生物の死骸や排出物，水などが含まれる。生物群集と非生物の要素をあわせ，さらに個々の要素の間の相互作用を考えたものが生態系。図には有機物と分解産物の流れのみを示したが，それ以外にも多様な相互作用がある。相互に関係を持った生態系が集合してランドスケープを構成する（第 9 章を参照）。

ネルギーの移動や物理的，化学的変化も含まれる。

この状況は一つの**システム**として捉えることができる。システムとは，個々の要素が相互に関係（相互作用）し合いながら，全体としての**機能**を発揮するようなまとまりを指す★13。そこで，生態系については次のように理解することができる。ある場所に存在する全ての生物（生物群集）と非生物（生物群集が生息するビオトープを構成する事物）が生態

★ 13 ――この要素，関係，機能（目的と表現されることもある）が，ある対象をシステムとして考えるために必要な 3 条件である。なお，ここで取り上げたシステムの考え方は，フォン・ベルタランフィ（1973）に則っている。

系の**要素**である。この要素の間には相互作用が見られる。相互作用の結果として様々な生物現象，例えば生物群集の形成やその中での物質循環の持続，生物の生息場所の維持など，生態系の機能が実現されているのである（図 1-3）。

生物や非生物は連続して分布しているため，本来は地球上で生物が生息している全ての空間が一つの生態系を形成していると考えるべきである。しかし実際には，各要素の間で結びつきの強い部分と弱い部分がある。前に述べたメタ個体群の状況と似ている。メタ個体群に対する局所個体群のように，空間的に連続していて，かつ，強い相互作用で結びついた要素が分布する部分を，独立した生態系として扱うことが普通である。この生態系の中から生物だけを取り出すと，生物群集と一致する。弱い相互作用まで考慮した全体，メタ個体群に対応するものがランドスケープである（図 1-3）。

以上，本章では生物にとっての環境を考える上で必要な視点と考え方について紹介した。次の**第 2 章**からは，生物にとっての環境，あるいは環境条件とは具体的にどのようなものであるのかについて説明する。

引用文献

・Forman, R. T. T. & Godron, M., *Landscape Ecology*, John Wiley & Sons, 1986

・Blab, J., *Grundlagen des Biotopschutzes für Tiere: Ein Leitfaden zum praktischen Schutz der Lebensraüme unserer Tiere*, Kilda Verlag, 1993

この本の概論部分については，日本語訳が刊行されている。

ヨーゼフ・ブラーブ『ビオトープの基礎知識』青木進・他訳，日本生態系協会，1997

・フォン・ベルタランフィ『一般システム理論：その基礎・発展・応用』長野敬，太田邦昌・訳，みすず書房，1973（原著 1968 年）

参考文献

・日本生態学会・編『生態学入門　第 2 版』東京化学同人，2012
・鷲谷いづみ・著，後藤章・絵『絵でわかる生態系のしくみ』講談社，2008

2 気候と生物

《目標＆ポイント》 地球全体を通してみると，気候の違いに対応した生物相が見られる。共通の気候のもとで成立する一定の外観を持つ植生（植物群系）と，その上で維持されている他の生物群集をあわせてバイオーム（生物群系）と呼ぶ。本章では世界におけるバイオームの分布が気候とどのように関係しているかを説明した上で，主なバイオームについて紹介する。また，大陸により生物相が異なることがある理由についても紹介する。
《キーワード》 気候帯，植物群系，バイオーム，生物圏，気温，降水量

2.1 生物が住む領域—生物圏

我々が住む地球は，真の球体に非常に近いが，わずかにつぶれた回転楕円体の形状をしている。地球を赤道を通る平面で切った時の半径（赤道半径）はおよそ 6378 km，北極点と南極点を通る平面で切った時の半径（極半径）はおよそ 6357 km である。さらに，その外側に 800 km★1 ほどの厚さの**大気**をまとっている（図 2-1）。

地球の表面の約 7 割は海洋，残りの約 3 割は陸地である。海洋は平均すると 3.8 km あまりの水深を持ち，最深部は約 10.9 km（マリアナ海溝）である。陸地の平均標高は 0.8 km あまりで，最も高いところで 8.8 km あまり（エベレスト山）である。地球全体の半径 6350 km あまりに対して，地表部分の起伏は海陸あわせても 20 km 足らずに過ぎない。高山を越えて移動する渡り鳥や，生きたまま空中を飛散する微生物も記録され

★1 ——大気圏を，地表に近いところから対流圏，成層圏，中間圏，熱圏と区分した時の熱圏の上端までのおよその値。熱圏の外側，地表から 10000 km までの範囲を外気圏として大気圏に含める考え方もある。

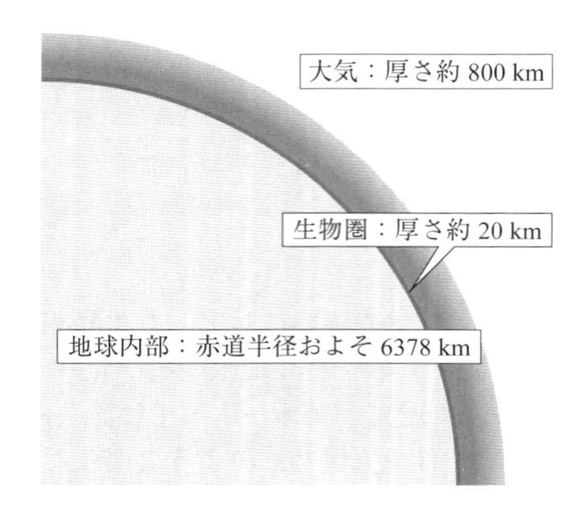

図 2-1　地球における生物圏の位置
生物圏（黒い部分）は，外側の大気（濃い灰色）と内側の地球内部（薄い灰色）の間のごく薄い部分に過ぎない。

ており，深海底に生息する動物や地下深くに生息する微生物も見つかっているとはいえ，生物の生息が可能な領域は，地球の表面付近のごく狭い範囲に限られると考えてよい。生物が生きて存在する地球上の領域のことを**生物圏**と称する。

2.2　気候帯とバイオーム

上述のように生物圏は地球の表面を覆っているが，そこに見られる生物相は場所によって大きく異なる。これは，地球表面の気候条件が場所によって大きく異なることに主に由来する。

生物にとって意味のある気候の条件として，まずは**太陽光**の量（**日射量**）が挙げられる。生物は，生命活動のエネルギー源として，また身体を形成するための材料として有機物を利用するが，その大半は，植物が太陽エネルギーを利用して水と二酸化炭素からブドウ糖を合成する光合成反応により作られる。また，日射量はその場所の**気温**を左右する。温度条件はほとんどの生物の生息に影響し，熱帯から寒帯に至る気候の変化に対応して，生息する生物の種類も変化する。

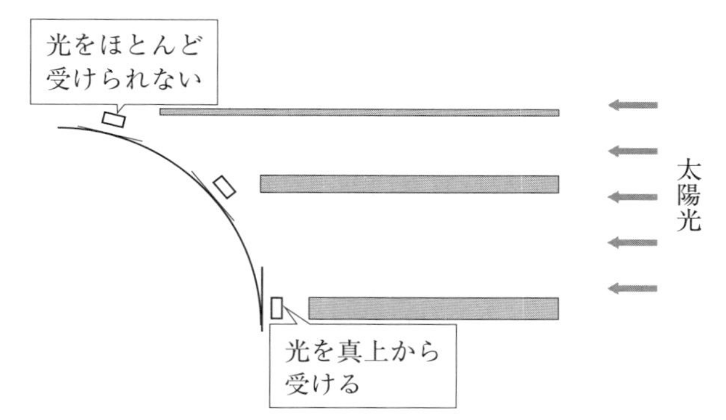

図 2-2　緯度により気温に差が生じる理由
同じ面積の土地（白抜きの長方形）であっても，太陽光に対する角度に応じてそこに当たる光量（グレーの長方形の幅）が変化する。高緯度地方では光をほとんど受けることができず，暖まりにくいため，気温が下がる。上の図は，春分あるいは秋分の日の正午の状況を模式化したもの。

陸上では**降水量**がもう一つの重要な条件となる。水は生物の生息に不可欠な物質であるが，陸上では場所によって生物が利用可能な水の量が大きく異なる。降水量が少ない乾燥地では，生息できる生物の種類も量も少なくなる。

2.2.1　場所によって気温に差がある理由

太陽は地球よりもはるかに大きく，かつ，地球から 1.5 億 km も離れている。地球の位置に地球の断面と同じ大きさの平面があり，その真正面から日が差すなら，平面上のどの位置にも同じように太陽光が当たる。しかし実際には，地球はほぼ球体である。そのため，赤道付近では正午の日射はほぼ真上から降り注ぐが，両極付近では正午であっても地平線あるいは水平線に近い低い位置から日が差すことになる。結果として，単位面積あたりの日射量は，緯度によって大きく異なる（図 2-2）。これが，地球上の**緯度**の違いによって**気温**に差が生じる主要な理由である。

地球は，自転しながら太陽の周りを公転している。公転面に対して自転軸が垂直であれば，公転軌道上のどの位置に地球があっても，言い換えれば1年の中のどの時期でも，地球への太陽光の当たり方には違いが生じない。しかし実際には，自転軸は公転面に対して約23.4度だけ傾いている。このため，公転軌道上の位置によって，北極側が太陽の方向を向いたり南極側が太陽の方向を向いたりし（図2-3），これが1年周期（公転周期）で繰り返される。これが，**季節**が生じる原因である。

地球は，大きく陸地と海洋に分けられる。陸地を構成する岩石や土壌は，海洋を満たしている海水に比べて暖まりやすく冷えやすい。そのため，大陸の内部に位置する場所では，海洋に近い場所と比べて寒暖の変化が大きくなる。内陸性気候と海洋性気候の違いはここから生じる。

次の「2.2.2　場所によって降水量に差がある理由」で述べるように，地球の大気は全地球的規模で大きく循環している。この大気の流れ（気流）が海水に作用し，継続的に海水を一定方向に押し流すことで生じる海水の大規模な流れが**海流**である。暖かい地域から流れ出る海流は水温が高く，**暖流**と呼ばれる。暖流は，流れていく先の海水温や，さらには近接する陸地の気温を上昇させる。世界で最大規模の暖流であるメキシコ湾流が沖合を流れることで，西ヨーロッパ地方は緯度が高い割に暖かい。寒い地域から流れ出る海流は**寒流**と呼ばれ，暖流とは逆の性質と効果を持つ。

2.2.2　場所によって降水量に差がある理由

地球上の緯度の違いによって気温の違いが生じる。気温の違いはさらに大気の循環を引き起こす。

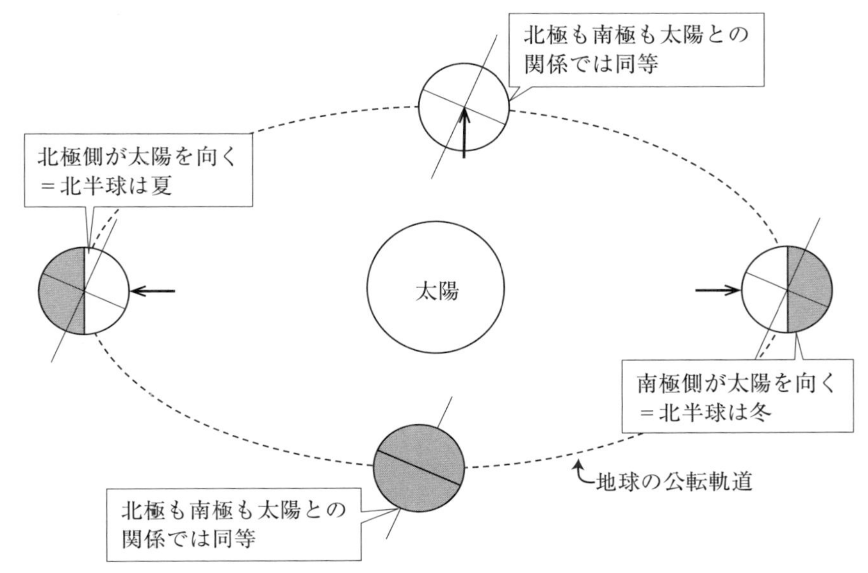

図 2-3　季節が生じる理由

地球の自転軸が公転面に対して 23.4 度傾いているため，公転軌道上の位置によって北半球が太陽の側を向いたりその逆になったりする。太陽の側を向いた半球が夏になるが，赤道付近は 1 年を通じて真上に近い角度から太陽に照らされる。図の矢印は太陽光が真上から照らす緯度を，灰色部分は太陽に対して陰になっている部分を示す。

赤道付近で暖められた大気は軽くなって上昇する（**上昇気流**）。上昇気流は気圧の低下と雲の形成をもたらし，その結果として赤道付近では低気圧ができやすく降水量が多くなる（この地帯を**赤道低圧帯**という）。赤道付近で上昇した気流は，緯度 30 度前後の中緯度地方で下降する（**下降気流**）。気流が下降するこの一帯では高気圧ができやすくなり，降水量が少なくなる（**中緯度高圧帯**あるいは亜熱帯高圧帯という）。

北極や南極では，空気が冷やされて重くなり，下降気流を形成して，高気圧が生じる（**極高圧帯**）。この気流は緯度60度前後の高緯度地方で上昇するため，この一帯には低気圧ができやすくなる（**高緯度低圧帯**）。このように，北半球，南半球のそれぞれに3つの大きな気流が作られるが，それらは地球における大気の循環の基本となっている（図2-4）。これらの気流により，赤道付近や高緯度低圧帯では雨が多くなる一方で，中緯度高圧帯では降水量が少なくなって乾燥地が生じやすい。

海流も降水量の場所による違いをもたらす。暖流が近くを流れていると，海から蒸発する水分が湿潤な気候をもたらすとともに，暖められた大気が上昇気流となり，低気圧が発生して降水量が増えやすい。逆に，海洋の寒流は大気を冷やすために下降気流が生じやすく，高気圧ができて晴天につながる。アフリカや南米の西海岸には海岸まで砂漠になっているところがあるが（ナミブ砂漠やアタカマ砂漠★2），どちらの沖合も流れている海流は寒流である。寒流の影響で晴天が多く，降水が少ない一方で，海霧（かいむ）が生じ，それが陸地に流れ込むことにより，わずかではあるが水分を供給する。海霧が供給する水分で生命をつなぐ生物も知られている。

各大陸を横断，縦断する脊梁（せきりょう）山脈がもたらす影響も大きい。気流がこれらの山脈にぶつかると，山の斜面に沿って上昇気流を形成し，主に山脈の風上側に降水をもたらすからである（「3.1.2　山と降水」を参照）。

2.2.3　気候帯とバイオーム

気温と降水量という2つの要因を考えることで，地球上の陸上のどこにどのような種類の生物が見られるか，おおよそ把握することができる（図2-5）。

生物相を地球規模で比較する際には，**バイオーム**（**生物群系**）という

★2 ――アタカマ砂漠の核心部は海岸山脈とアンデス山脈に挟まれた盆地状であり，それぞれの山脈の雨陰（ういん）（第3章）の影響でとりわけ降水が少ない。ただし，海岸山脈の海側でも寒流の影響で降水は少なく，砂漠となっている。

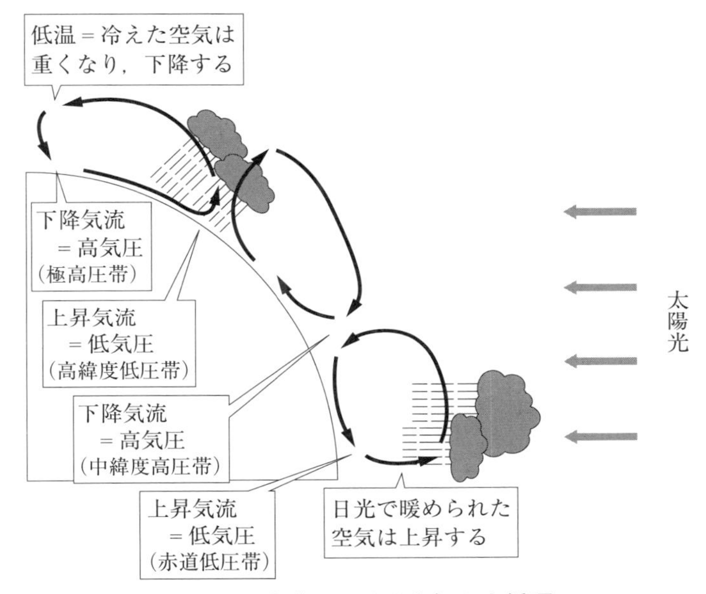

図 2-4　地球における大気の大循環

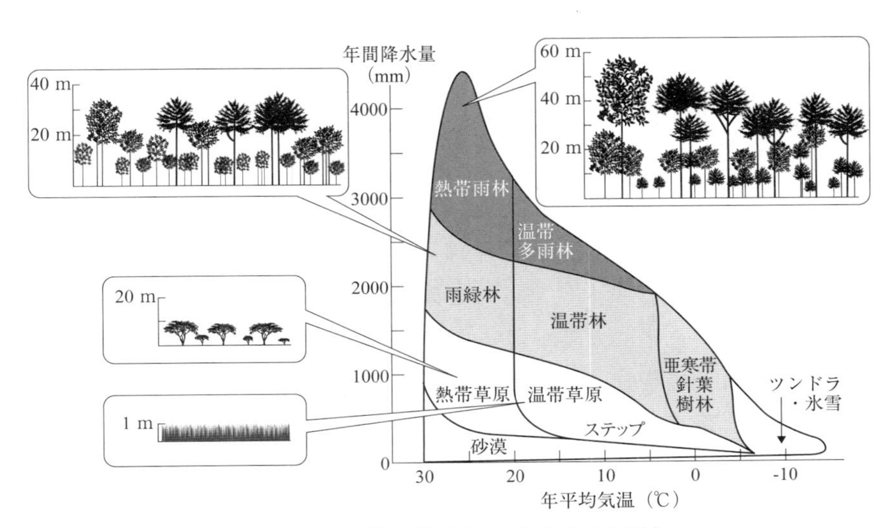

図 2-5　気温，降水量と生物相の関係

出典：松本忠夫『生物圏の科学』放送大学教育振興会，2012，p.63，図 4-3

考え方が用いられる。生物群系とは，**植生**の外観に基づいて分類される**植物群系**（第４章を参照）に，他の生物の生息状況も加味して生物群集全体を分類した類型である。生物相の全地球的な変化を説明するために用いる際には，熱帯雨林，温帯草原など，気候帯の名称と組み合わせた類型が用いられる。

気候帯というのは，気候の類似性に基づく世界中の陸地の地域区分のことである。ドイツの気候学者ケッペンによる気候区分において示されたものが最も有名であり，かつよく利用される。本章でも，**ケッペンの気候区分**に基づいて説明を行う。

世界の陸地は，温度条件から大きく4つに分けられる。気温が高い方から順に，**熱帯**，**温帯**，**亜寒帯**（冷帯），**寒帯**である。寒帯以外の3つについては，年間降水量が特に少ない地域を**乾燥帯**として別に扱う。それぞれの気候帯では，降水量やその季節変化に応じて異なる生物群系が認められる。

熱帯は，最寒月の平均気温が18 ℃以上の地域とされるが，これはヤシ類の生育可能な範囲と一致する。年間を通して日射量が多く温暖であるほか，日射によって暖められた地表や海面から上昇気流が発生して気圧が下がるとともに雲が生じやすく，結果として降水量が多くなる。地球の自転軸が公転面に対して約23.4度傾いていることから，季節によって太陽高度が変化し（図2-3），南中時に太陽が真上に来るため最も効率良く暖められる領域は，**北回帰線**（北緯約23.4度の緯線，北半球の夏至の正午に太陽が真上に来る）と**南回帰線**（南緯約23.4度の緯線，北半球の冬至の正午に太陽が真上に来る）の間を移動する。このため，赤道から離れた場所では，太陽が真上近くに来る夏には気圧が下がって降水量が多い**雨季**となり，冬には降水量が相対的に少ない**乾季**となる。

年間を通じて降水量が多く，雨季と乾季の区別がないところでは，**熱**

帯雨林が発達する。熱帯雨林は，植物のみならず動物をはじめ，他の生物の種類，量ともに豊富であり，世界で最も生物の種が豊かで，現存量も多い地域である。雨季と乾季の区別はあるものの乾季にもある程度の降水がある場合には，**雨緑林**と呼ばれる森林が成立する。熱帯雨林との違いは，熱帯雨林に見られる**巨大高木層**★3 が欠落することと，落葉樹の割合が大きくなることである。さらに雨量が減少すると，乾季にはほとんど降水がない状態となる。そこでは樹木は乾燥に特に強い種類のみが生育でき，雨季にのみ草本植物が繁茂する状態となる。これが**熱帯草原**（**サバンナ**）である。中緯度高圧帯の影響を1年中受ける地域では，年間を通じてほとんど雨が降らない。このような土地には植物はほぼ生育できず，**砂漠**となる。以上は降水量の減少に伴う植物群系の変化であるが，植生とともに動物相も変化するため，植物群系の変化はバイオームの変化としても理解できる。植物群系とバイオームが対応するのは，以下に説明する温帯，亜寒帯，寒帯でも同様である。

温帯は，最寒月平均気温が −3 ℃以上 18 ℃未満で，かつ最暖月平均気温が 10 ℃以上の地域をいう。この温度条件の下では，冬季の積雪は根雪（ねゆき）（降り積もった雪が雪解けの季節まで解けずに残っている状態）とならない。四季の変化が顕著であり，多くの動物・植物が生息する。また，農業に適している土地が多い。

温帯で降水量が十分に多い場所では，**温帯多雨林**（温帯雨林，温帯降雨林ともいう）が成立する。温帯の中でも熱帯に近く温暖な地域では**常緑広葉樹林**であるが，それ以外の場所では，針葉樹林や落葉広葉樹林となる。これらの場所では冬季は植物の生育には適していないため，熱帯における乾季と同じように，樹木は落葉して生育に適さない季節を生き延びる。降水量が少ない場所では，多湿の条件を好む着生植物などが少

★3 ――熱帯雨林の場合，樹高 50 m 前後の樹木の樹冠がつながって林冠を構成するが，この林冠を突き抜けてその上に枝葉を広げる，さらに高い樹木（超出木（ちょうしゅつぼく））が疎らに生育する。超出木の集団を巨大高木層と呼び，林冠構成木の集団である高木層あるいは林冠層と区別する。

ない**温帯林**が，温帯多雨林に代わって見られるようになり，さらに降水量が少ない場所では，樹木が少ないか，または生育しない**温帯草原**が成立する。1年の中で降水のある時期が限られる地域では，降水の時期に競って生育し，他の時期は見かけ上枯れたようになる**短草草原**が成立する。短草草原も成立できないぐらいに降水量が少ない場所では砂漠となる。温帯草原と短草草原をあわせて**ステップ**と呼ぶことがある。ケッペンの気候区分における区分の一つとしての**ステップ気候**は，乾燥帯の中で降水量が比較的多い地域を指すが（少ないところは**砂漠気候**），植物群系としてのステップは，気候帯としては温帯に属する地域に成立するものも含んでいる。

亜寒帯は，最寒月平均気温が－3 ℃未満で，最暖月平均気温が 10 ℃以上の地域とされる。冬季の積雪は**根雪**となって融雪期まで残るが，樹木の生育は可能である。夏季には農耕が可能であることが多い。特に寒冷な地域においては，低温のため有機物の分解が遅く，**ポドソル**と呼ばれる痩せた酸性の土壌が広範囲で形成される。ポドソルは生産力が小さく，植物の生育や農耕に対して制約がある。

亜寒帯では，降水量が多い場所でも針葉樹林が形成される。降水量が少なくなると草原，さらに降水量が少ない場所は砂漠となる。

寒帯は，最暖月平均気温が 10 ℃未満の地域である。この地域では，樹木の生育は基本的に不可能である。最暖月平均気温が 0 ℃以上 10 ℃未満の**ツンドラ気候**と 0 ℃未満の**氷雪気候**に分けられる。ツンドラ気候帯ではコケなどの植物が生育可能であるが，氷雪気候帯では植物の生育は基本的に不可能である。両気候帯は，それぞれ**ツンドラ**，**氷雪地**というバイオームに対応する。なお寒帯については，乾燥帯を区別することはしない。以上挙げた，熱帯雨林から氷雪地までの分布を図 2-6 に示す。

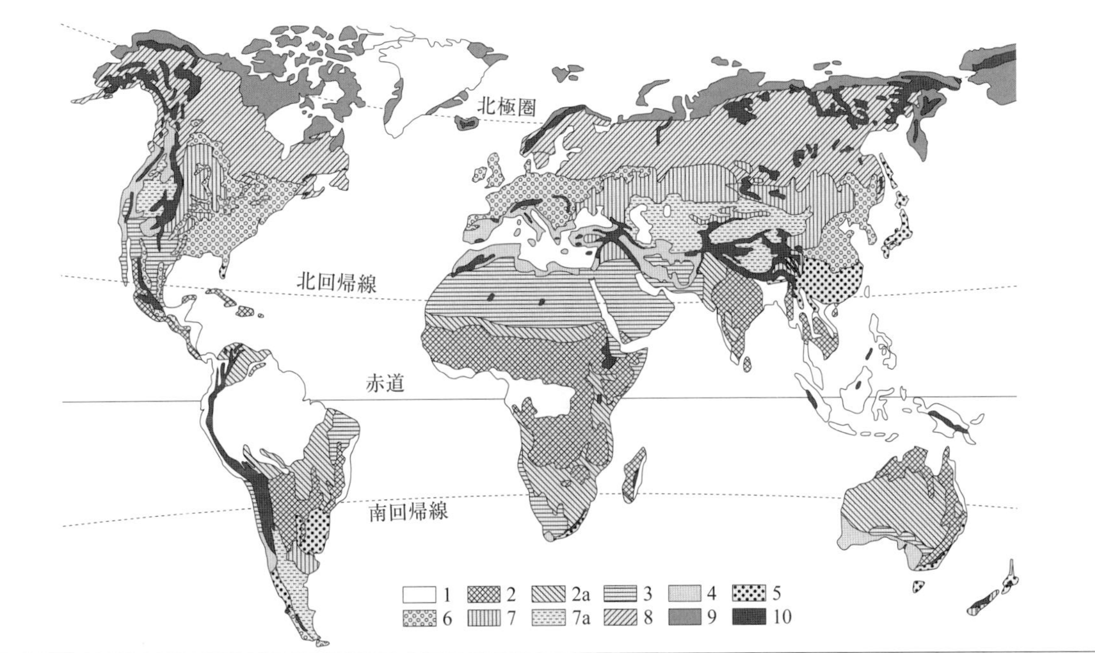

1：熱帯雨林，2：雨緑林，2a：熱帯草原，3・7a：砂漠，5：温帯雨林，4・6：温帯林，7：温帯草原，8：亜寒帯針葉樹林，9：ツンドラ，10：高山，グリーンランド上の白地：氷雪地帯

図2-6　世界におけるバイオーム（生物群系）の分布（南極を除く）

出典：Siegmar-Walter Breckle, *Walter's Vegetation of the Earth: The Ecological Systems of the Geo-Biosphere, 4th completely revised and enlarged edition*, Springer, 2002, p.44, Fig. 26をもとに改変

Used with permission of Springer Nature BV, from Walter's Vegetation of the Earth: The Ecological Systems of the Geo-Biosphere, Breckle, Siegmar-Walter, 4th completely revised and enlarged edition, 2002; permission conveyed through Copyright Clearance Center, Inc.

2.3　主なバイオームの様子

2.3.1　熱帯雨林

熱帯雨林は，年間 2000 mm 以上の降水量があり，かつ年間を通して温暖多雨な場所に成立していて，東南アジア，中部アフリカ，中南米に見られる。生息する生物の種数，個体数，現存量[★4]が多いことが特徴で，生物多様性の観点からは，全世界の生物種の半数以上が熱帯雨林に生息しているとも言われる。植物の現存量が多く，かつ活動が活発であることから，大気中に含まれる酸素の 40 %は熱帯雨林によって供給されているとも推定されている。

熱帯雨林を構成する樹木の樹高は最大で 80 m 程度と非常に高い。樹高 50 m 程度の樹木の樹冠が連続し，閉じた**林冠**を形成するが，そこからさらに上部に突き出すようにして枝葉を広げる樹木が点々と生えている。このように上部に突出して生育する樹木（**超出木**）が見られるのは，熱帯雨林の特徴の一つである。林冠の下にもより樹高の低い木本植物が枝葉を密に広げて生育するため，**林床**（森林内の地面付近の部分）まで届く光は少ない。そのため耐陰性の強い植物でないと，熱帯雨林の林床には生育できない。成熟した熱帯雨林の内部は，人間や，その他の大型の動物にとって，移動の妨げになるものが比較的少ないことが多い。一方，林内の空間を埋めるようにして，つる植物や着生植物が多く生育している点も熱帯雨林の特徴と言える。

土壌に関しては，落葉や腐植の層がほとんどなく，痩せていることが特徴である。これは，気温が高くて分解速度が速いことと，シロアリなど落葉を採食する小動物が多く生息していることに由来する。養分は土壌に蓄積されないまま，生態系の中を素早く循環する。有機物の速やか

★ 4 ──現存量は，ある場所に生息する生物体の総量で，通常，重量で表現される。水分を除いた上で乾燥重量として計測される場合と，水分を除かないまま湿重量として計測される場合がある。小型の個体が多数生息する場合は，個体数が非常に多くても現存量は大きくないこともあり得る。

な分解と多量の降水のため，土壌中の養分は溶脱しやすく，有機質をほとんど含まない貧栄養の酸性土壌となる。酸化鉄や酸化アルミニウムを多く含み赤色を呈する，ラテライトと呼ばれる土壌である。

なお，温帯に成立する温帯林については，「**2.4　日本の国内で見られる植物群系**」にて説明する。

2.3.2　熱帯草原

熱帯の中でも明瞭な**乾季**のある地域に分布する**高茎草原**（丈の高い草本植物を主要な構成種とする草原）で，まばらに生育する高木，あるいは散在する低木のやぶを伴う。年間降水量が 900 mm 以上あれば，乾燥に強い高木を伴ったイネ科植物の草原となり，900 mm 以下になると，高木がなくなり低木のやぶが多くなる。熱帯草原を**サバンナ**と呼ぶことがあるが，これはスーダン地方の先住民が使用した呼称に由来する。同様の熱帯草原を，南米のオリノコ川流域ではリャノ，ブラジル高原ではカンポ・セラードと呼んでいる。大型の**植食動物**★5 が多く生活し，これを捕食する肉食動物も多いことが，バイオームとしての熱帯草原の特徴である。

熱帯草原に生育する植物にはイネ科のものが多い。イネ科の植物の根は**ひげ根**といって，浅いところでよく伸長する性質を持つ。乾燥気味の熱帯草原においては，地表が乾燥するとより深いところの地下水が毛管上昇★6 により地表に移動しやすく，そうした状況にひげ根は適していると考えられる。また，植食動物による旺盛な採食を受けても，イネ科の植物は成長点が根元近くにあるため，成長点まで食い尽くされることは少なく，採食を受けた後も短時間で植物体が再生される（「**8.4　そのほかの撹乱**」も参照）。

★5 ――草食動物という表現が一般的に用いられるが，草（草本植物）ではない植物も食物となることから，植物全般を食物とすることが明確なこの表現を用いる。

★6 ――地下水面よりも上（地表寄り）にある土壌に，地下水が毛管現象（毛細管現象）により上昇してくること。

2.3.3 ステップ

降水量が少なく乾燥帯に属する地域であるが，降水量が極端に少なくはなく植物が生育できるため，砂漠にはならない地域の気候を**ステップ気候**と呼ぶ。降水は限られた季節（雨季）に集中することが多く，植物はその間にもっぱら成長する。成長の期間が限られるため，草本植物でも大型のものは生育しにくく，丈の低い草原（**短草草原**，低茎草原）となる。降水量がさらに少なくなると（**砂漠気候**），こうした草原も成り立たなくなって**砂漠**となる。

気候区分としてのステップは，上述のように，乾燥帯の中で砂漠にならない程度に降水があるところを指すが，植物群系としてのステップはより降水量の多い温帯に成立する高茎草原（**温帯草原**）まで含めていうこともある。乾燥帯における短草草原は，モンゴル高原やカザフスタン，イラン高原などに見られる。温帯草原としては，北アメリカのプレーリーや南アメリカのパンパがよく知られている。もっとも両者の間に明確な境界があるわけではなく，プレーリーやパンパでも降水量が少ない場所では，草丈の低い短草草原が見られ，両者の間は連続的に移行する。

2.3.4 亜寒帯針葉樹林

ユーラシア大陸や北アメリカ大陸の北部に広がる，高木樹種がほぼ単一の**針葉樹林**。**タイガ**と呼ばれるシベリア地方の針葉樹林が代表的である。樹種は，マツ科の針葉樹，特にモミ属やトウヒ属，カラマツ属のものが多いが，カバノキ属やハコヤナギ属（ポプラの仲間）などの落葉広葉樹も生育する。地下には，夏になっても土壌中に多量の氷が残存する**永久凍土層**が見られる。また，気温が低く微生物の活動が活発でなく，かつ活動可能なぐらいに気温が上昇する期間も短いことから，落葉・落枝の分解が遅く，森林土壌において有機物は厚く堆積する。そのような条件下で形成される土壌が，既に紹介した**ポドソル**である。

2.3.5　ツンドラ

ツンドラは，地下に**永久凍土層**が広がる寒冷な地域である。シベリア北部，カナダ北部など北極海沿岸の寒帯地域に見られるほか，南極圏や高山にも認められる。短い夏の間は土壌表面付近で氷が溶けて液体の水が得られるようになり，それを利用して蘚苔類，地衣類が生育する。時には草本植物や低木が生育することもあるが，高木は生育できない。植物の現存量が少ないため，それを食物とする動物の生息も限られたものとなる。結果として生物多様性は小さい。ただし，この地方にしか見られない特徴的な動物もいる。トナカイ，ヘラジカ，ジャコウウシ，レミング，ホッキョクグマ，ホッキョクギツネなどがその代表的なものである。人間の生活のためには条件が厳しく，農耕はほぼ不可能である。

2.4　日本の国内で見られる植物群系

日本の国土は南北に細長く，気候帯としては温帯と亜寒帯にまたがっている。植物群系としては，南西諸島などの**亜熱帯常緑広葉樹林**（温帯多雨林），九州から本州中部にかけての**暖温帯常緑広葉樹林**（温帯林），そこから北海道南部までの**冷温帯落葉広葉樹林**（温帯林），それ以北の**亜寒帯針葉樹林**に大きく区分される★7。日本の本土と近隣の離島における植物群系の分布を図化した一例を，図 2-7 に示す。本図においては，亜熱帯常緑広葉樹林と暖温帯常緑広葉樹林の分布域はあわせてヤブツバキクラス域とされ，冷温帯落葉広葉樹林，亜寒帯針葉樹林の分布域はそれぞれブナクラス域，コケモモ−トウヒクラス域として扱われている。「クラス」は植物群落の分類における最上位の階級であり，第４章で説

★7 ——植物の生育状況だけを考えた区分，すなわち**植物群系**のあり方については，常緑広葉樹林と落葉広葉樹林の間に中間温帯常緑針葉樹林や中間温帯落葉広葉樹林を区分したり，落葉広葉樹林と亜寒帯針葉樹林の間に冷温帯針広混交林を区分したりするなど，もう少し細かな分類を提唱する研究者もいる。

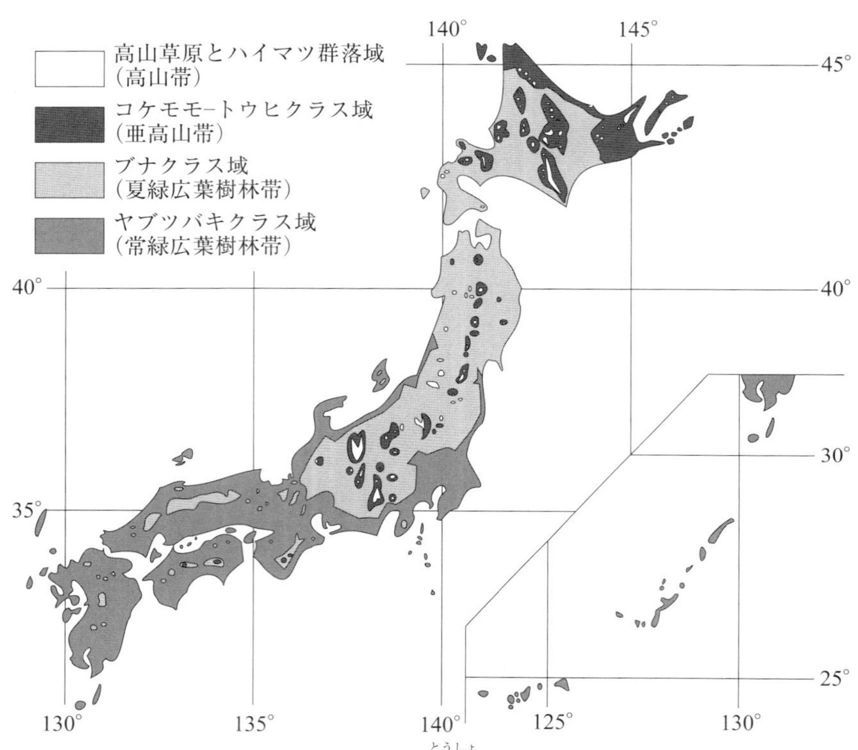

図 2-7　日本の本土と近隣の島嶼（とうしょ）における植物群系の分布
出典：環境省生物多様性センター「植生と植生図について｜日本の植生分布」（http://gis.biodic.go.jp/webgis/sc-009.html）を使用し，一般財団法人 放送大学教育振興会が作成・加工したものである（原図は，宮脇昭・編『日本の植生』学習研究社（現・Gakken），1977）

明する。あるクラスに属する植物群落の分布域がクラス域である。

暖温帯常緑広葉樹林は，スダジイやタブノキといった常緑広葉樹を優占種（**第４章の脚注４**を参照）とする高木林である。これらの常緑広葉樹は，葉の表面にクチクラと呼ばれる層が発達していて光沢がある。

そこで，これらの樹種により構成される常緑広葉樹林は，**照葉樹林**と呼ばれることもある。

冷温帯落葉広葉樹林は，暖温帯常緑広葉樹林が成立する地域よりも北側，あるいは標高の高いところに成立する。この分布は主に気温によって規定されている。優占種となるのはブナやミズナラで，特にブナを優占種とする林が広く見られる。

さらに気温が低い地域，すなわちより北に位置するか，あるいは標高が高いところでは，亜寒帯針葉樹林が見られる。主な優占種はシラビソ，オオシラビソ，エゾマツ，トドマツなどで，このうちエゾマツやトドマツは日本国内では北海道に分布が限られる。

植物群系のこのような変化に伴い，動物やそれ以外の生物の生息状況も変化する。そのため，植物群系によりバイオーム全体を代表させる形で，バイオームの分布が理解されている。

2.5　大陸により生物相が異なることがある理由

以上に説明したように，気温と降水量によって大きく規定される気候条件により，全地球的なバイオームの分布が決まっている。日本の国内を考えても，植物群系やバイオームの分布は気候条件に強く規定されている。しかし，地球上の生物の分布が全て，気候条件により決まっているわけではない。

例えば，オーストラリア大陸には，他の大陸には見られない特徴的な生物が多く生息する。最も原始的な哺乳類とされる**単孔類**のカモノハシは，オーストラリアにのみ生息する。カンガルーに代表される**有袋類**も，オーストラリアを特徴づける動物である★8。鳥類や爬虫（はちゅう）類，両生類，植物など，他の生物についても，オーストラリアに生息する種類は他地域のものと共通しないものが多い。生息する種のこのような違いは，気

★8 ――南北アメリカ大陸にも，オポッサム（フクロネズミ）の仲間の有袋類が生息している。

候条件からは説明できない。

このように，大陸の配置と対応して生物の特定のグループが分布する状況は，現在の大陸がどのようにして形成されたかという歴史と関係していると考えられる。陸上の生物は，海を越えて自由に移動できるわけではなく，また同じ大陸の中でも，険しい山脈など移動を妨げる障壁があれば移動に制約を受ける。もともと1つの大陸だったものが2つあるいはそれ以上の大陸に分かれた場合，分かれた後の大陸の間で生物が移動する機会はごく限られる。そのため，大陸ごとに異なった形で生物が進化し，種の分化が進んだと考えられる。オーストラリアは南極とともに特に早い時代に他の大陸から分かれたと推定され，そのため他の大陸には見られない特徴的な生物が多く見られると考えられている。

なお，生物の移動が妨げられることで進化や種分化が生じることについては，**第15章**で再度説明する。

引用文献

・Siegmar-Walter Breckle, *Walter's Vegetation of the Earth: The Ecological Systems of the Geo-Biosphere, 4th completely revised and enlarged edition*, Springer, 2002
・宮脇昭・編『日本の植生』学習研究社，1977
・環境省生物多様性センター「植生・植生図について」，http://gis.biodic.go.jp/webgis/sc-009.html（2024年2月25日閲覧）

参考文献

・国立天文台・編『理科年表　第96冊（令和5年）』丸善出版，2022
・武内和彦『ランドスケープエコロジー』朝倉書店，2006
・松本忠夫『生態と環境（生物科学入門コース7）』岩波書店，1993

3 地形と生物

《目標＆ポイント》 同一の気候帯でも，生息する生物は場所によって異なることがある。そのような違いをもたらす要因の中から，本章では地形を取り上げる。山地では，標高が高いところほど気温が下がるため，標高の変化に対応して生物相も変化する。河川の水辺では，土地の細かな起伏によって地下水面の深さが変化し，植物にとっての水分条件が変わることから，植物相に違いが生じる。河川増水時の水のかぶり方（冠水状態）も，土地の起伏によって変わる。このほかに，風当たりの強さや日当たりの良さなども地形に対応して変化し，植物の生育に影響する。日本国内の例を主に取り上げながら，山麓から山頂，海岸から内陸などの地形的な変化に対応する生物相の変化の様子を，対応する環境条件と関連づけながら紹介する。
《キーワード》 標高，垂直分布，水分条件，冠水，微地形

3.1 山の地形と生物相

山とは周囲に比べて高く盛り上がった地形を指す。つまり，山を特徴づけるのは何よりもその高さである。山が生物に対して及ぼす効果としては，標高が変わることに伴う気温の変化，山に気流がぶつかって上昇気流や下降気流が生じることに伴う降水量の変化の2つが重要である。それ以外に，稜線（りょうせん）における強風，尾根による日照の遮蔽（しゃへい），傾斜地における立地の不安定化，冬季における氷雪などが生物相に影響し得る。

山の環境条件と生物との関係については，特に植物を題材としてこれまでに多くの研究が行われてきた。ここでは植物について主に説明し，

補足的に動物についても触れる。

3.1.1 山の標高，気温，植物相

山では標高が増すに従って気温が下がる。標高が 100 m 高くなった場合の気温は，空気が乾燥している場合でおよそ 1 ℃，湿っている場合でおよそ 0.5 ℃，平均して 0.6 ℃程度低くなる。そのため，山麓から山頂に向かうに従って気温は低下するが，この気温の変化に対応して，生物相も山麓から山頂に向かって次第に変化する。

日本の最高峰である富士山で，静岡県（南）側から山頂に向かった時の植物相の変化は，次のようにまとめられる。駿河湾に近い標高が低い場所は温暖であり，人間による土地の改変や干渉がなければ（そのような土地はもうほとんど残っていないが），常緑広葉樹であるカシの仲間が優占する林が広がる。海岸付近には，カシの仲間よりさらに温暖湿潤なところを好むスダジイやタブノキが生育する林も見られる。

富士山に向かって標高を上げ，標高が 500 m を超えると，人手が加わっていない場所でも常緑広葉樹林は見られなくなり，クリなど落葉広葉樹の林となる。さらに標高が 900 m を超えると，より冷涼な気候の下で育つブナが見られるようになる。ただし，植林や人間によって切り開かれた土地が多いため，現在も残存している自然の落葉広葉樹林は少ない。標高 1500 m を超えると，シラビソやコメツガが多く生える針葉樹林が目立ち始め，標高 2500 m ぐらいまで続く。一見してハイマツのような背の低いカラマツの群落★1 が現れると，そろそろ**森林限界**★2 である。森林限界を超えても，草本植物や矮性の低木からなる，いわゆる**高山植物**が，なお標高 3200 m ぐらいまでは生育している。フジハタザオやオンタデといった植物が，富士山における高山植物としてよく知られ

★1 ――富士山にはハイマツが分布しておらず，ハイマツの代わりに低木化したカラマツが生えていると考えられている。

★2 ――これ以上高いところでは森林が生育しないという限界の標高。高木は生育しないが，一部の低木はなお生育可能なので，高木限界と呼ぶこともある。

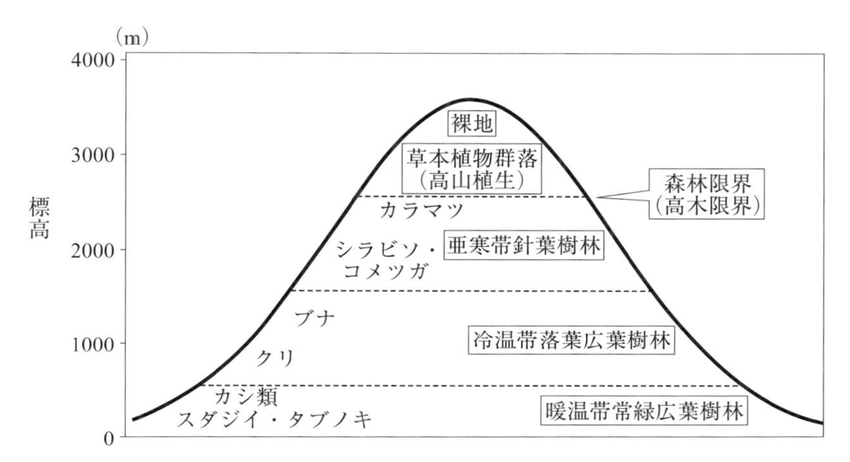

図 3-1　富士山南側斜面における標高の変化に伴う植生の変化の概略
人間による土地の改変や植生の破壊，植栽がない場合。主な優占種（左側）と植物群系（右側）を示す。ただし，上部については植物群系のみを示す。

ている。さらに高いところにはそうした植物も生育せず，裸地となっている。

標高差に伴う以上のような変化は，前章で紹介した植物群系により，次のように整理できる。海岸に近い低地では暖温帯常緑広葉樹林が成立し，その上部には低いところから順に冷温帯落葉広葉樹林，亜寒帯針葉樹林が成立している。さらに標高が高くなると草本植物群落（高山植生）になり，山頂付近は裸地となる（図 3-1）。常緑広葉樹林から針葉樹林までの植物群系の配列は，前章で説明した南から北に向けての植生の変化と一致している。このように標高の変化に沿った生物の分布状況のことを，標高が同じ場所での水平方向（特に緯度の変化に沿った）の分布状況を指す水平分布に対して，**垂直分布**と呼ぶ。

植物群系にこのような垂直分布が認められるのは，富士山に限ったことではない。標高差があり，かつ人間により改変されていない植生が十分に残っている全ての山岳で，同様の垂直分布を認めることができる。ただし，山岳が位置する緯度によって，山麓における気温，したがって植物群系が異なる。そのため，南部にある山岳では常緑広葉樹林がより高い場所まで成立する。一方，北部にある山岳では，標高が低い場所でも常緑広葉樹林は見られず，落葉広葉樹林から高山植生へと植物群系が変化する形で垂直分布が見られる。細かな様相は地域によって異なるが，同様の垂直分布は世界中の山岳で見ることができる。

動物には，垂直分布が認められるだろうか。例えば鳥の場合，高山の鳥，亜高山帯の鳥と呼ばれる種が存在する。これは，それぞれの鳥類種が好んで利用する食物や生息場所が，生育する植物と密接に関係していることに原因があると考えられる。例えば，高山によく見られるホシガラスというカラス科の鳥は，雑食性ではあるが，特にハイマツやヒメコマツといったマツの仲間の樹木の種子（球果［いわゆる松ぼっくり］の中に入っている）を好んで食べるため，それらが生育する標高の高い場所に多く生息すると考えられている。イワヒバリという鳥も同じく高山の鳥だが，生活の中で樹木はほとんど利用せず，営巣場所も主に岩の隙間である。そのような空間選好性ゆえに，森林限界よりも高いところを好むものと考えられる。

3.1.2　山と降水

山脈や高地に向かって一定方向の風が安定して吹く場合，山体に当たった風が斜面に沿って吹き上がることで，同じ場所に連続して**上昇気流**を形成する（地形性上昇気流）。前章で述べたように，上昇気流は雲を発達させて降水をもたらす。その結果，山岳の風上側から頂上の尾根付近では，高い頻度で雨や雪が降る（地形性降雨）。含んでいた水分を

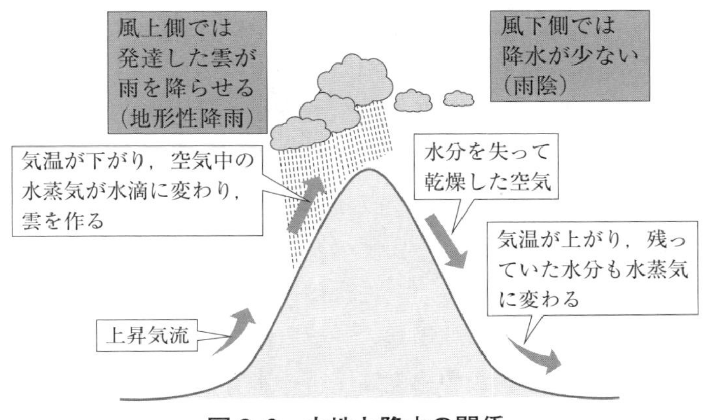

図 3-2　山地と降水の関係

雨や雪の形で失った風は，山体を越えて風下側へと吹き下ろすため，風下側は乾燥気味になり降水量が減る。このような理由により，山体の風上側で降水が多く，風下側で降水が少なくなる現象を**雨陰**（rain shadow）という（図 3-2）。

典型的な例が，日本を太平洋側と日本海側に分ける脊梁山脈で見られる。北西から冬の季節風が吹きつけると，脊梁山脈の日本海側では上昇気流が生じ，連日の降雪をもたらす。山脈を越えた風は，含んでいた水分を雪の形で放出してしまったため乾いており，さらに標高が下がるに従って温度が上昇して，雲はますますできにくくなる。その結果，風下の太平洋側では晴天になりやすい上，湿度が低くなる。地方によってはこのような風を“からっ風”と称する。

夏季において季節風は主に南東から吹き寄せるため，太平洋側で雨が降りやすく日本海側では乾燥しやすい（**フェーン現象**）。ただし，台風や，前線を伴って移動する温帯低気圧による降雨があるため，冬季に比べると雨陰の影響は目立たない。なお，周囲を山地に囲まれた盆地では，季節風の風向によらず，雨陰の効果により降水が少なくなりやすい。

世界的に見ても，地形性降雨や雨陰が各地の気候にもたらす影響はしばしば無視できない。インド北東部（アッサム地方など）はインド洋からの季節風がヒマラヤ山脈に吹きつける時の風上側に当たり，地形性降雨により降水量が非常に多い。ハワイでも季節風の風上側で降水量が多くなる現象が見られる。逆に，山脈の風下側に当たる土地では，降水が少なくなり乾燥することが多い。これは雨陰の効果と言える。南北アメリカ大陸の西部に位置する乾燥地の一部（海岸山脈の内陸側に位置するもの）では，前章で述べた中緯度高圧帯の影響に加えて，雨陰の影響もあって降水が少ないと考えられている。

3.1.3　地形に関わるその他の要因による影響

山岳は，風を遮るだけでなく，時には日差しを遮ることもある。地域によっては，山体によって日差しを遮られることによる山体の北斜面と南斜面の間の光条件と温度条件の違いが，生育する植物の種類に違いをもたらすことがある。

東京都西部にある高尾山で，その一例を見ることができる。山頂から北東に延びる尾根を挟んで，北西の斜面にはイヌブナ林が，日当たりのよい南東の斜面には小規模ながらカシ林が見られる。前者は冷温帯落葉広葉樹林に，後者は暖温帯常緑広葉樹林に含められる林であり，南東斜面の方が北西斜面に比べてより温度が高いことを示唆する。

尾根沿いの土地では，降雨によって土壌が侵食されやすく，腐植の蓄積が少なくなりがちである。また，谷から尾根に向かうに従って，土壌は徐々に乾燥していく。こうした谷から尾根にかけての栄養条件や水分条件の変化が，植物に影響することがある。例えば関東地方では，尾根にはアカマツやヒメコマツなどの林ができやすいのに対して，谷や沢沿いにはサワグルミやシオジ，イロハモミジなどを伴う林ができやすい。

林業に携わる人々の間では，古くから「尾根マツ，谷スギ，中ヒノキ」あるいは「谷スギ，尾根ヒノキ」のように，土地の条件にあわせた樹木の植林を促す考え方が見られる。植林だけでなく自然に生育する林もまた，地形と，それに従って変化する水分や栄養の条件に対応して，様相を変えているのである。

高山の尾根沿いでは，風当たり（風衝）が強く，植物の生育に影響するほどの場合もある。樹木の成長する春から秋にかけての風向きがある程度一定して，かつ，強さが樹木の生育を不可能にするほどではない場合には，樹木の枝は風上側にはほとんど伸びず，風下側に偏って枝を伸ばすという特徴的な形態を示す（**風衝樹形**）。さらに風が強い場所では，樹木の生育は不可能となり，生育する植物は矮性の低木か草本植物に限られ，**風衝草原**が形成される。

以上，山地の地形に関連して生じる，場所による植物相の違いについて説明した。地形の他にも，地質が特別な場所で特徴的な植物相が見られる場合もある。石灰岩や蛇紋岩によって形作られている山地は，その代表的な例である。北アルプスの八方尾根や上越地方の谷川岳，尾瀬ヶ原に隣接する至仏山（しぶつさん）では，蛇紋岩の影響を受けた植生が見られる。石灰岩に影響を受けた植生は，埼玉県の秩父地方などで知られている。

3.2　海岸の植物相を規定する要因

海岸は，岩礁地帯（いわゆる磯浜），砂浜，干潟に大別できる。いずれも植物にとっては生育しづらい土地であり，そこに生育する植物の種類は他の土地で見られるものとは異なる。以下では，砂浜の植物を対象として話を進める。

海の側から考える。海水面は潮汐によって上下し，一定ではない。さらに，波による海水の動きもある。そのため，満潮時の海面よりも少し高いところまでは，海水を日常的に浴びて，また地下からも海水が毛管上昇により浸透してくると考えられる。このようなところでは，陸上の植物は生育できない。

さらに海から離れ，海水がかかったり地下に海水がしみ込んだりすることがなくなってきても，砂浜はなお植物の生育にとっては厳しい場所である。砂は風★3に巻き上げられて移動し，十分に根を張っていない植物は砂と一緒に吹き飛ばされる。あるいは砂に埋められる。吹き飛ばされたり埋められたりしない植物も，風衝により生育が妨げられる。風は海水の飛沫も運ぶため，植物の生育には好ましくない塩分が植物体に付着し，また周辺の砂に落ちる。夏の晴天の日中には砂の温度は気温よりもはるかに高くなる。たいがいの植物にとって，これは非常に厳しい条件である。

そのような砂浜で，最も海に近い側で生育するのがコウボウムギやオニシバである。海水由来の塩分の影響を強く受けるところでは，オカヒジキのように塩分に耐えられる植物がより海側に見られることもある。ハマヒルガオやハマニガナ，ハマボウフウなども，比較的海に近いところで生育できる。これらの内陸側には，ハマエンドウやハマゴウ，ハマダイコン，テリハノイバラなどの植物が生える。樹木が生えるようになるのは，風や潮の影響が弱まってからで，それでも海に近い場所に生育するのはクロマツ，トベラ，ウバメガシなどの種に限られる（図3-3）。

砂浜で生育する植物は，風衝を避けるために丈が低く匍匐（ほふく）性であったり，砂の中に長い地下茎あるいは匍匐茎を伸ばしたりしているので，風

★3 ――台風や低気圧，前線などの影響を受けている時を除き，海岸付近では，海洋と陸地との温度差に由来する海風（かいふう）・陸風（りくふう）が日常的に吹く。昼間は陸地が日射によって暖められ，より低温の海から陸に向かって海風が吹く。夜間は陸地が放射冷却によって冷えるのに対し，暖まりにくく冷えにくい海の温度はそれほど下がらないため，より低温の陸から海に向かって陸風が吹く。

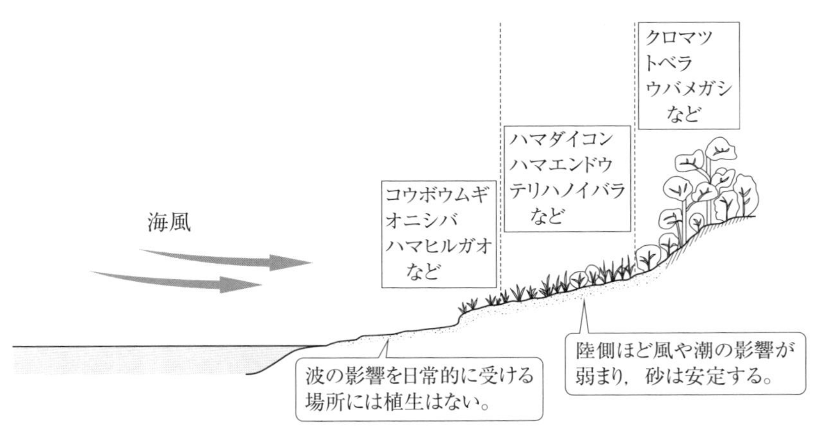

図 3-3　砂浜における植物の分布

で飛ばされにくい。また葉については，肉厚で丈夫な上に水分を蓄えやすい，表面に光沢があり蒸散を防ぐ，砂に埋もれても茎を伸ばして砂の上で再び葉を広げることができるなど，砂浜の厳しい条件の下で生存するのに有利な特性を1つ以上備えている。このような特性のおかげで，厳しい環境の砂浜でも生きていくことができる。

砂浜の自然条件は，植物の生育にとっては相当に厳しく，海に近いほど厳しさが増す。その結果，図 3-3 のように，海からの影響の強弱に応じて植物の分布が決まる。前節で述べたように，山地では標高が植物にとっての環境条件の主要な目安になる。海岸では，海からの距離が植物にとって意味のある自然環境条件を反映する指標となっている。

3.3　河川における水辺の微地形と植物相

海に面した砂浜ではなく，河川の水辺の場合には，同じ水辺であっても植物の分布の様子は異なっている。砂浜のように水域から日常的に強い風が吹きつけているわけではなく，また淡水が流れているため塩害も起こらない。一方，河川の場合には，目で見ることができる水の流れだけでなく，多量の水が**伏流水**として地下を流れている。この地下水が，河川の水辺の植物の成長に関係する。

河川は，上流域における降水によって増水することがある。増水時には，普段は水が流れていないところを水が流れ，そこに生育する植物は水をかぶり（**冠水**という），水流の影響を受ける。影響が強ければ根こそぎ流されてしまうし，そうでなくても植物体が破壊されたり，流れてきた土砂に埋められたりすることもある。

河川の水辺が平坦な斜面であれば，地下水位や水のかぶりやすさ（**冠水頻度**）を規定するのは，河川の水際からの距離となる。しかし実際には，自然河川の水辺の形状はもっと複雑である。河川改修によって護岸や堤防の間の地面も平坦にならされてしまった河川は別だが，人間によってそのように改変される以前の河川の水辺は複雑な形状をしている。川岸からなだらかに高くなっていく場所もあれば，川岸近くでわずかに盛り上がった後に再び低くなって凹地（くぼち）を形成することもある。川岸で急に高くなっていることもある。このような規模の地形は，肉眼では明らかではあるが，小縮尺の一般的な地形図には現れにくい。起伏量や空間規模が小さな土地の起伏によって形成される土地の形状のことを，**微地形**と呼ぶ。

河川の水辺で複雑な微地形が見られるのは，繰り返される増水の作用によると考えられる。増水は時に流路を変え，古い流路の跡は凹地や池，あるいは分流として残る。増水は時には多量の土砂を運んでくる。土砂が堆積して流路に沿って微高地を作ったり，あるいは過去にあった凹地を埋めてしまったりもする。一方で，水の流れによって土地が削られることもある。このようなことが繰り返される間は，河川の水辺には複雑な微地形が維持される。実際の河川の水辺で植物の分布を調査すると，こうした

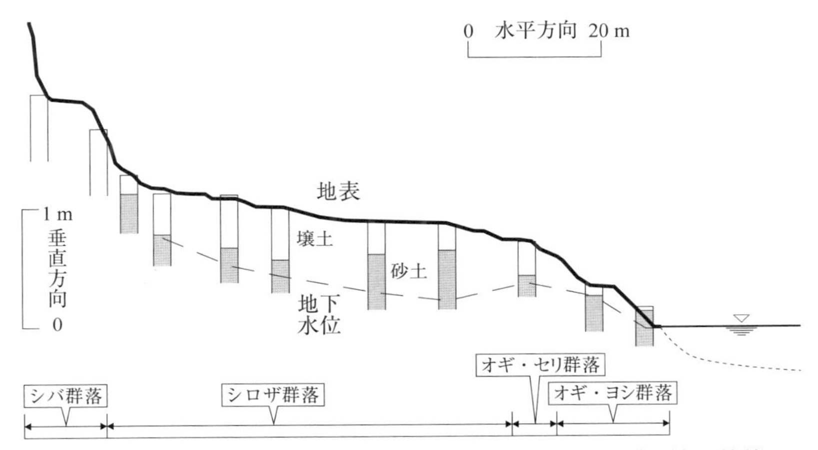

図 3-4　河川水辺における植物の分布と微地形および土壌の状態

茨城県の小貝川（こかいがわ）における調査結果に基づき作成した。土壌は，壌土（細かい粒子）と砂土（粗い粒子）に分けて図示したが，実際の土壌調査においては表層の腐植の状態を含め，より細かな土壌分類が用いられる。この場所では凹地が形成されておらず，川の流路から遠ざかるに従ってより乾いたところを好む植物が生育していた。ただし，シバ群落は堤防法面（のりめん）における植栽に由来するものである。

微地形が植物群落の変化とよく対応していることがわかる（図 3-4）。

河川水辺の微地形を分類する方法には，今のところ定まったものがない。とはいえ基本的には，河川の水流の影響を日常的に受ける川岸と，地下水面に近いために土壌が湿潤になりやすく，また降水や増水の際には水がたまりやすい凹地を意識した上で，地下水位と冠水頻度に密接な関係がある水面からの**比高**を考慮しながら微地形の検討がなされる。例えば，図 3-5 のように分類される。微地形の状況次第では，水面からの比高や川岸からの距離が同じでも，冠水頻度が異なるなど，生物にとっての生息条件が異なる場合があるので，注意が必要である。

第 2 章で紹介した気候あるいは地史的な要因といった全地球的規模

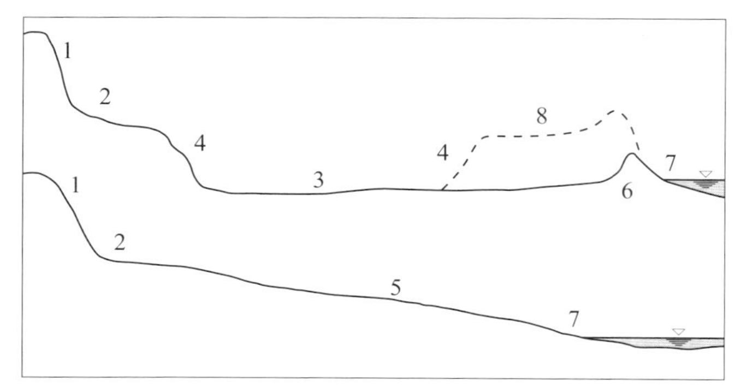

図 3-5　小貝川中流の水辺における微地形分類の例

同じ比高，傾斜の斜面でも，本流にじかに面している場合とそうでない場合では，流れの影響の受けやすさが異なる。堤防とその周辺は，人為的な土地の改変の程度が強いために，他とは別扱いにすべきである。数字は微地形区分。1：堤防法面（人為的改変地），2：堤防基部（同），3：凹地底（地下水面が浅く土はかなり湿っているが，水による撹乱の頻度は低い），4：凹地斜面，5：流路斜面（凹地斜面よりも増水時に水流の影響を受けやすい），6：水辺微高地（水による撹乱を比較的受けにくい。川岸に近い場合にはヤナギ低木林，そうでない場合には高木を伴う河畔林になりやすい），7：水辺（流水による撹乱を常時，またはそれに近い高い頻度で受ける。ミゾソバやヨシ，ツルヨシが群生することがある），8：高台（水による撹乱を受けにくく，土壌は比較的乾いている）。

出典：加藤和弘，石川幹子，篠沢健太「小貝川河辺植物群落の帯状分布と河川横断面微地形との関係」，『造園雑誌』，56(5)，355-360，1993 の図-2 をもとに改変

の現象と比較すると，本章で紹介した地形や微地形，それに関連する地質や土壌は，現象の空間スケールがはるかに小さい。しかし，生物にとっての環境条件として日常的により強く意識されるのは，むしろこうした細かな空間スケールで生じる事象である。

　起伏に富んだ地形は，温度や降水，土壌中の水分条件，地面の安定性，風当たりの強さといった，生物，特に植物の生育に影響する諸条件に変

化をもたらす。降水量の少ない場所に形成される砂丘は全体が無植生のように思われがちだが，地下の浅いところに地下水がある場合，主に植物にとっての水の利用の容易さの違いに応じて異なった種類の植物群落が成立する（「コラム 3-1」を参照）。海岸付近ではさらに海水由来の塩分や波浪，河川の水辺では増水に伴って生じる冠水もまた，陸上の生物に大きく影響する。地質が植物の生育に影響を及ぼす場合もある。

こうした諸条件は，直接的に把握できる場合もあるし，標高，河川の流路や海岸からの距離，川や海の水面からの比高といった指標によって間接的に把握できる場合もある。指標を適切に利用することができれば，野外での調査の労力が相当に節約でき，植物の生育状況を把握する上で有利である。ただし，こうした指標を利用する場合には，同じ標高や比高のもとでも，地形や微地形によって植物の生育状況は異なることがある点に留意したい。なお，植物以外の生物の生息状況は，こうした局所的な状況においても，植物の生育状況に対応して変化することが多い。

コラム 3-1　半乾燥地の砂丘における植物の分布

微地形に応じて植生が変化するのは，河川の水辺に限らず様々なところで見られる現象である。ここでは砂丘の植物の分布が微地形に対応して変化する様子を紹介する。

図は，中国内蒙古自治区のクルチン砂地にあった，高さ 10 m ほどの砂丘の断面図である。垂直方向の変化が強調されるように，垂直方向と水平方向とで縮尺が異なっている。また，砂丘の上部は全て裸地であるため，最上部は省略している。この場所は，年間降水量が約 340 mm と少なくステップ気候に属するが，地下の浅い位置に地下水面があり，放牧など人為的な影響がない場合には，低木が混生する草地となっている。

砂丘の上部は風当たりが強く，砂も安定していない裸地であるが，中腹より下はヒユ科の植物 *Agriophyllum squarrosum*（L.）Moq.（中国名・沙蓬）がまばらに生え，他の植物は稀な草地となる。より低い場所，砂丘と砂丘の間の低地（砂丘間低地）では，植物が水分を得やすくなるため種類も量も多くなり，多年生草本植物の群落が形成される。

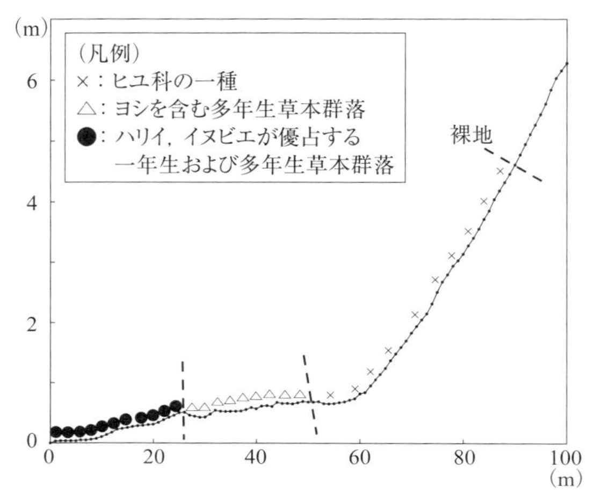

図　砂丘上の比高の違いによる植物群落の違いの一例

出典：Katoh, K., Takeuchi, K., Jiang, D., Nan, Y., Kou, Z., "Vegetation restoration by seasonal exclosure in the Kerqin Sandy Land, Inner Mongolia", *Plant Ecology*, 139, 133-144, 1998 に用いられたデータをもとに作図

引用文献

・加藤和弘，石川幹子，篠沢健太「小貝川河辺植物群落の帯状分布と河川横断面微地形との関係」，『造園雑誌』，56(5)，355-360，1993

・Katoh, K., Takeuchi, K., Jiang, D., Nan, Y., Kou, Z., "Vegetation restoration by seasonal exclosure in the Kerqin Sandy Land, Inner Mongolia", *Plant Ecology*, 139, 133-144, 1998

参考文献

・宮脇昭・編『日本の植生』学習研究社，1977

・玉井信行，奥田重俊，中村俊六・編『河川生態環境評価法』東京大学出版会，2000

・福嶋司，岩瀬徹・編著『図説　日本の植生』朝倉書店，2005

4　植生と植生遷移

《目標＆ポイント》 植物は，消費者や分解者が利用する有機物を光合成により生産するとともに，消費者や分解者が生きていくための空間的な構造を作り出す役目も果たす。そこで，ある土地における生物群集や生態系のあり方を理解するためには，まず，そこにおける植物のありようを理解することが重要になる。植物は通常，複数の種の個体が集団となって生育している。この集団が植生である。本章では，植生のあり方の概要を示すとともに，時間の経過に伴って植生がその生育環境とともに変化していく過程である植生遷移についても紹介する。
《キーワード》 植生，植物群落，相観，植生遷移，極相，樹冠ギャップ

4.1　植生と植物群落

生態系の中で物質は，生態系を構成する個々の生物，および生態系が成り立っている土地や水域の間を巡り続ける。動物が他の動物や植物を食べることで，食われる側の生物を構成していた物質は食う側の生物に移動し，食う側の生物の身体における構成物質になったり，代謝エネルギーに変えられたりして，残りの部分は排出される。また，生物の死骸は，動物に食われたり，微生物によって分解されたりする。排出されるか分解された物質は，土地や水域に戻り，再び生物に利用される。このような物質の流れを**物質循環**と呼ぶ（図 4-1）。そのような物質循環の流れにおいて，無機物が有機物に変えられる過程，すなわち**一次生産**のほとんどは，植物による**光合成**が担っている★1。

★1 ――個体の周囲にある物質を利用して，化学反応からエネルギーを得て有機物を生産できる生物も存在する。熱水の噴出がある深海底では，このような生物が生産者となって生態系が成立している。

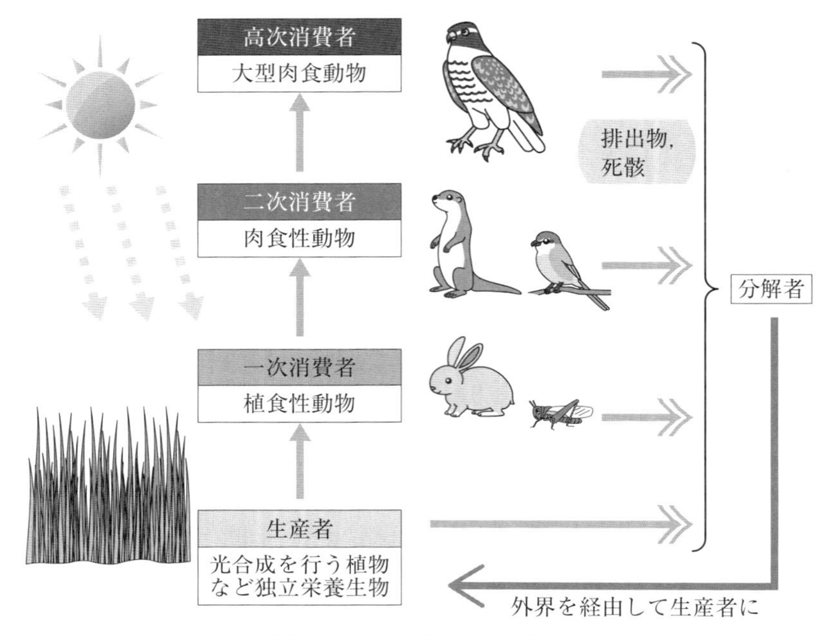

図 4-1　物質循環の模式図

植物は，生態系における**生産者**（一次生産者，独立栄養生物）として，**消費者**や**分解者**（従属栄養生物）が必要とする有機物を作り出す。加えて，他の生物が生きていくための空間的な構造を作り出す役目も果たす。例えば，樹木が枝葉を茂らすことにより，その上で昆虫が生活したり，鳥が営巣したりできるようになる。植物が作り出す空間の構造が単純になると，そこに住む動物の種類も限られてしまう（第５章を参照）。水中でも，繁茂する水生植物は魚類，特に小型の種や稚魚に隠れ場所を提供し，エビの仲間や水生昆虫など無脊椎動物にとってもよいすみかとなる。

このように，物質生産と生物に対する生息空間の形成という 2 点で，

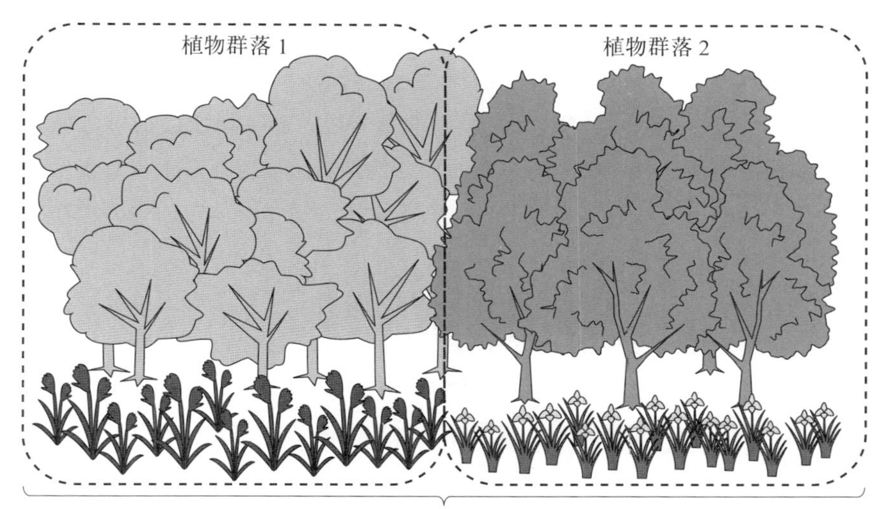

図 4-2　植生と植物群落
全体を一続きの植生と捉えることができるが，植物群落としてのまとまりを考えた場合には，点線で囲った 2 つの部分をそれぞれ別個の植物群落と考えた方がよい。この場合，2 つの植物群落を構成する植物の種が異なっている。

植物は生態系の基盤を作り上げる役目を果たしている。そのため，ある場所に生息する動物の状況を考え，理解する上で，植物の生育状況を知ることはきわめて重要になる。

植物は，一個体だけが他から離れて生育することもあるが，多くの場合は複数の種の複数の個体が集まって生育している。ある場所に生育している植物の全体を指して，**植生**と呼ぶ。植生は，均質な状態で広がっている場合もあれば，明らかに異なった状態のものが隣接したり，入り交じったりしている場合もある（図 4-2）。集団で生育する植物の生態を考える場合に，異質な集団が混在していると状況が複雑になってしまう。そのため，広がりを持つ植生の中で，周囲から明らかに区別できる比較的均質な部分を取り上げて扱うことがある。この均質な集団を**植物群落**★2と呼ぶ。言い換えれば，植物群落とは，ある場所における植物の集団（＝植生）の中で，何らかの形で他から区分できるようなまとまりのことである。状況によっては，ある場所の植生全体を一つの植物群落と見なすことができる。

均質といっても，同じ種類の植物だけが生育しているのではない。生育する植物の種の組み合わせが類似していたり，広い面積を覆って生育する種や数が多い種（**優占種**）の種類が共通であったりするなど，植生についての主要な特徴が同一あるいは類似であれば均質と考えてよい。何をもって植生の主要な特徴とするかについては，植物群落の分類のあり方と密接に関係するため，本章の「4.3　植物群落の分類」で詳しく説明する。

異なる場所においても，気候（第２章）や地形（第３章）などの条件や，植食性動物による摂食，種子の供給や花粉媒介者の活動などの生物学的条件（第７章），さらには自然現象や人間活動による撹乱の程度（第８章）といった，植物にとっての主要な環境条件が類似であれば，それぞれの場所に成立する植生もまた類似のものとなることが期待される。そのため，植生の状態からその土地の環境条件，特に土地の生産性や土地における撹乱の程度を評価することも試みられている。

4.2　植生に関わる概念

現在，ある場所において成立している植生を，厳密には**現存植生**と呼ぶ。これに対し，同じ場所に過去に存在したと推定される植生や，将来成立することが予測される植生についても考えることができる。

植生は人間の活動によって破壊されたり改変されたりして，その姿を

★2 ――英語では plant community であり，植物群集と訳すこともある。本書では，後述する植物社会学的群落分類における「群集」との混乱を避けるために，植物群落あるいは単に群落とする。

変える。植生が成り立っている土地の条件，すなわち地形や土壌★3 の状態を人間が変えてしまい，そのことが植生に影響することもある。ある場所において，そこに人間の手が加わる前に成り立っていたと推定される植生を**原植生**と呼ぶ。原植生は，その場所における気候や，地形，土壌などの自然環境条件の本来のありようを反映した植生と考えられる。

これに対し，ある土地に成立している植生に現在加えられている人為的干渉を全て停止させた場合に，最終的に成立すると考えられる自然植生のことを**潜在自然植生**と呼ぶ。潜在自然植生の推定にあたっては，現在の地形や土壌などの自然立地条件を前提とし，それが支え得る最も発達した状態の植生を考える。現在の地形や土壌条件が人間によって既に大きく変えられてしまっている場合もあるが，その場合でも，現に存在する地形や土壌条件に基づいて潜在自然植生が推定される。したがって，原植生と潜在自然植生はしばしば異なる。

人間活動が植生に対して及ぼす影響が大きいことから，そのような影響を受けていない植生を**自然植生**と呼び，影響を受けている植生である**代償植生**と区別する。自然植生は，その成立の過程および現在において人間活動による影響が全くないか，あるいはその影響が無視できるほど小さい植生である。前述の原植生は，人間の手が加わる前に成立していた植生であるから，過去における自然植生である。代償植生は，人為的な影響のもとに成立している植生や，あるいはもともとあった植生が人為的に破壊された後に成立した植生を指す。代償植生というと，自然植生と比べて植物の種の多様性において劣るような印象を持つかもしれないが，それは必ずしも正しくない。例えば，**第 11 章**において説明する里山の林は，人間による伐採の後に成立し，下草刈りや落ち葉かきのような人間による管理を定期的に受ける典型的な代償植生であるが，植物の種の多様性が高いことで知られている。

★3 ――地面とその上下にある空間（空中，地中）をあわせたものを土地と呼ぶ。地面を覆う堆積物が土，あるいは土壌であり，地面の形状が地形（**第 3 章**）である。

時系列に沿った植生の概念である原植生，現存植生，潜在自然植生，そして，人間活動の影響の有無による植生区分である自然植生と代償植生について，それらの相互の関係を図 4-3 に示した。

4.3 植物群落の分類

ある場所における植物群落の状態を表現するにあたり，植物群落に関するあらゆる情報，例えば構成種のリスト（**植物相**あるいは**フロラ**）やそれぞれの種の優占度★4 などを全て示すのは煩雑である。何らかの手続きにより植物群落を類型化して，○○タイプの植物群落，のように表現できれば便利である。植物群落を類型化するために利用される属性としては，群落の相観，群落における優占種，群落における特徴的な種の組み合わせの 3 つが主なものである。

植物群落の**相観**に基づく分類を，**群系**（あるいは**植物群系**）という（第 2 章）。相観とは，構成種，特に群落の最上部を構成する植物の中の優占種の**生活形**によってもっぱら規定される植物群落の外観を意味する。生活形としては，植物の生育にとって不適な冬季や乾季を耐える際の形態（休眠芽の位置）に基づく**ラウンキエの生活形**の区分がよく知られているが，相観を記述する時にはより視覚的な分類が利用される。すなわち，植生の高さ，最上層の優占種が木本植物か草本植物か，木本植物であれば常緑樹であるか落葉樹であるか，あるいは広葉樹か針葉樹か，といった点に着目した分類である。結果として，常緑広葉樹（高木）林，落葉広葉樹低木林，高茎草本群落のようにカテゴリーが設定される。群

★4 ――**優占度**とは，注目する生物群集や植物群落の中で，ある構成種が他種に対して優位である程度を意味する。植物群落における個々の種の優占度を論じる際には，**被度**（当該の種の植物体を地表に投影した時，投影された部分の面積が地表の面積に対して占める割合で，植物体が水平方向にどれだけ広がっているかを示す）を指標とするほか，被度に加えてラメット（「コラム 1-1」を参照）の数や植物体の高さなどが考慮されることもある。優占度が高い種のことを**優占種**と呼ぶ。優占度が最大の種を指すことが多いが，優占度が上位のもの数種を優占種とすることもある。

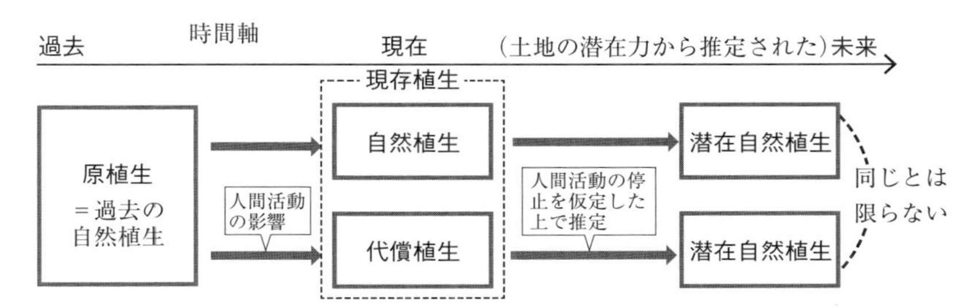

図 4-3　原植生，現存植生，潜在自然植生，自然植生，代償植生の関係
現に代償植生が見られる場所の潜在自然植生を推定する際には，人間活動の影響を受けた現状の土地条件がそのまま維持されるものと仮定する。

系では個別の種の有無や優占度を問題にしないことから，種の分布域を越えて植物群落の比較を行うことができる。そのため，特に植物群落の広域的な比較（第２章）に適している。

植物群系とそれに対応する他の生物の群集とをあわせて，生物群集全体の分類のための単位として用いることもあり，その場合には**生物群系**あるいは**バイオーム**と呼ばれる。特に生物群集の全地球的な変化の説明に用いられる場合には，熱帯雨林，熱帯草原（サバンナ），温帯草原など，気候帯と組み合わせたカテゴリーが用いられる（第２章）。気候帯による生物群集の違いの説明に重きが置かれるため，それぞれの地域における気候条件の下で最大限発達した植物群落（**極相**，本章の「4.4　植生遷移」で詳しく説明する）が考慮される。

優占種によって植物群落を区別することもある。植物群落の最上層における優占種と相観を組み合わせて，植物群落の呼称とする。アカマツ高木林★5，ブナ高木林，ススキ草原といったものがこれに当たる。

植物群落の内部を高さが異なる複数の階層に分け，それぞれの階層における優占種を列記することで植物群落の状態を表現することもある。相観と最上層の優占種が同じでも，下層部分における構成種の組成が異

★5 ――高木林については，高木を略して単に林と記すこともある。

なる植物群落は珍しくない。例えば，同じサワグルミ高木林でも，**林床**★6にリョウメンシダが優占していればサワグルミ－リョウメンシダ群落，林床にクマイザサが優占していればサワグルミ－クマイザサ群落のように呼ぶ。

植物群落の構成種の組み合わせに基づいて植物群落の分類を行う**植物社会学的群落分類**もよく用いられる。ヨーロッパの大陸部で発達したチューリッヒ－モンペリエ学派（頭文字を取ってZM学派，また研究者の名前から**Braun-Blanquet**★7**の植物社会学**とも言われる）の考え方である。広範囲の植物群落を体系的に整理して，個々の植物群落に特徴的に見られる種の組み合わせを明らかにした上で，それらの種が出現しているか否かを基準にして群落を分類する。この植物社会学的な群落分類体系の基本単位は「**群集**」★8であり，種組成によりあらゆる群落を「群集」を基本単位として体系的に分類することを目指す。日本でも，全国の植物群落をカバーする形で，植物社会学的な群落分類が行われている（宮脇，1980～2000）。

植物社会学的な群落分類においては，「群集」の上位のまとまりを「群団」，さらに上位のまとまりを「オーダー（群目）」，最上位のまとまりを「クラス（群綱）」と呼ぶ。また「群集」は，その中の細かな種組成の違いによって，「亜群集」「変群集」「亜変群集」「ファシース」に細分される（**表4-1**）。生物分類のシステムとよく似ている。

植物社会学の立場に立った植生および植物群落の研究は日本でも広く行われている。環境省が刊行している現存植生図も，植物社会学的手法

★6 ――森林の地表面とそのすぐ上の空間を林床と呼ぶ。

★7 ―― Josias Braun-Blanquet（ヨシアス・ブラウン＝ブランケ）はスイスで生まれ，フランスで没した植物学者。ブロン＝ブランケと書かれることもある。ブラウンさんとブランケさんの2名というわけではないので注意。

★8 ――植物社会学における「群集」は英語ではassociationであり，一般的な生物群集communityとは別のものである。本章**脚注2**で述べたとおり，植物のcommunityは日本語では植物群落となるが，植物群集とされることもある。紛らわしいので注意したい。

表 4-1　植物社会学的群落分類における分類単位

階級名	分類の基準となる種	分類の傾向
クラス	標徴種	質的
オーダー	〃	〃
群団	〃	〃
群集	〃	（基本単位）
亜群集	区分種（識別種）	より量的
変群集	〃	〃
亜変群集	〃	〃
ファシース	〃	〃

上位 ↕ 下位

によって分類された植物群落の分布を示すものとなっている。そのため，以上に述べたような植物社会学における約束事を知っておくことが，これらの資料を適切に活用する上で必要となる。

ただし，このような植物社会学の考え方には異論もある。特に，植物群落を明確に分類し，整然とした階層構造を持つ分類体系の中に個々の群落を位置づけることについては，植生の変化は本来連続的なものであり，このような扱いはなじまないとする意見も根強い（**植生連続体説**）。植物社会学と植生連続体説の立場は対立的であるが，植生にはどちらの側面もあり，状況や場所によって，あるいは取り上げ方によって，その一方の側面がより強く現れていると考えることもできる（図 4-4）。

4.4　植生遷移

4.4.1　植生遷移とは何か

植生あるいは植物群落（本節においては，便宜上両者をあわせて植生と称する）は時間とともに変化する。植物が生育する場所の環境条件も，

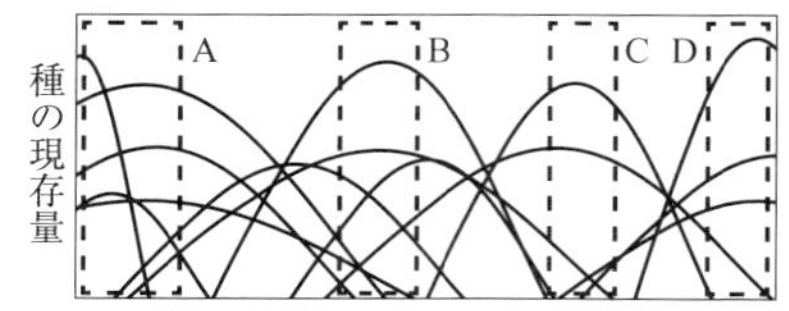

A B C D

＜植物に影響する何らかの環境条件＞

	群落 A	群落 B	群落 C	群落 D
種 1	5	−	−	−
種 2	2	−	−	−
種 3	3	+	−	−
種 4	5	1	−	−
種 5	2	1	−	−
種 6	1	2	−	−
種 7	−	3	−	−
種 8	+	3	1	−
種 9	−	5	+	−
種 10	−	1	3	1
種 11	−	−	5	+
種 12	−	−	+	3
種 13	−	−	+	2
種 14	−	−	−	5

	群落 A	群落 B	群落 C	群落 D
種 1	5	−	−	−
種 2	4	−	−	−
種 3	3	−	−	−
種 4	2	−	−	−
種 5	−	5	−	−
種 6	−	4	−	−
種 7	−	2	−	−
種 8	−	−	5	−
種 9	−	−	4	−
種 10	−	−	3	−
種 11	−	−	2	−
種 12	−	−	−	5
種 13	−	−	−	4
種 14	−	−	−	2

−：出現せず
+：少数出現
1 ～ 5：出現，値が大きいほど多く出現

点線枠で囲われた部分は，種と群落の組み合わせのうち特徴的と評価され得るもの。左側の表において，種 10 は群落 B および D でもある程度出現しているため，群落 C と特徴的に結びついているとまでは言えないと評価する。

図 4-4　種組成の変化の模式図

植生連続体説では，環境条件等の変化に伴って植生の種組成は連続的に変化すると考える（上左図，個々の曲線が一種一種の植物に対応する）。しかし，種組成が変化する系列の中で，典型的なパターンが見られる場所だけを取り上げて比較すれば，種組成の変化は不連続で，それぞれの群落に特徴的な種の組み合わせ（表中の点線枠の部分）があるように見える。状況によっては，複数の植物種の変化が同じように生じる結果，上右図のように曲線のピークや裾の位置が揃うこともあり得る。この場合，種組成の変化は不連続に起こると認められるだろう。地形の起伏が激しい場所や人為的な影響が著しい場所では，環境条件の大きな違いが隣接した土地の間で生じるため，種組成の変化の不連続性が強調されやすい。

植物の環境形成作用によって時間とともに変化する。植生とその生育環境が，時間の経過とともに変化★9していく過程を**植生遷移**と呼ぶ。植生遷移において，植生が変化する過程あるいは順序のことを**遷移系列**と呼ぶ。

植生の変化に伴って変わっていく環境条件としては，まず土壌条件が挙げられる。植物が生育することで根茎が発達し，根茎の周りで微生物の働きが活発になる。植物の枯死体や落葉・落枝が地表に堆積して分解されることで，土壌への炭素や窒素の蓄積が進み，土壌全体での微生物の活動が活発になる。結果として，土壌の形成と発達が進行する。

光条件の変化も重要である。植物が生育すると，植物の異なる個体の枝葉が重なり合うようになり，光を巡る競争が生じる。丈の高い植物が光を受ける上で有利となり，丈の低い植物は，丈の高い植物の陰で，わずかな光で生育しなければならなくなる。成長して丈が高くなる植物でも，発芽した直後は他の丈の低い植物と同様に限られた量の光しか利用できない。植物の間での光を巡る競争は，そこで生き残る植物の種類に強く影響し，植生遷移の方向性を規定する。

植生の内部における湿度や風当たりといった条件も，植生の変化に従って変化する。発達した植生の内部では，外部に比べて湿度が高く，風当たりは弱い。植生を利用して生活する動物や菌類などの状態，すなわち生物的な環境も変化する。

植生遷移は，その場所にあった植生が何らかの理由によって破壊されたり除去されたりした場合に開始される★10。この時，もともとあった植生が完全になくなった状態から植生遷移が始まる場合と，植生の一部が残存した状態から植生遷移が始まる場合が考えられる。前者を**一次遷移**，

★9 ――ここで変化と呼ぶのは，ある特定の状態に向けた一方向的な変化であり，周期的な変化は含まれない。ただし，外的な作用により変化が妨げられたり変化の方向が変わったりすることは起こり得るとされる。

★10 ――湖沼に土砂が堆積するなどして浅くなった時のように，それまで植物が生育できなかった場所の状態が変化して植物の生育が可能になった場合にも，植生遷移が始まる。

後者を**二次遷移**と呼ぶ。一次遷移の代表的な例は，噴火で生じた溶岩流上で植生が発達する過程である。伐採跡地において土壌中の種子が発芽したり，伐採後に残された切り株から**萌芽**★[11]が生じたりして植物が新たに育ち始め，植生が発達していく過程は，二次遷移の代表的な例である。

4.4.2 植生遷移の典型的な過程

植生遷移の過程は場所や状況によって異なるが，一般的には次のような傾向が認められる。

- 無植生の状態から始まり，徐々に植物が定着して成長していくことから，植物の現存量や種多様性は植生遷移の進行とともに増加する。ただし，遷移の後期においては，現存量や種多様性の増加が頭打ちになったり，減少したりすることもある。
- 一次遷移の初期においては，土壌の形成が不十分であり，痩せた未発達の土壌でも生育できる植物が定着し成長する。土壌の形成が進むと，それ以外の種類の植物も定着するようになる。
- 植生遷移の進行に伴い光を巡る競争が激しくなるため，植生遷移の後の段階ほど被陰（ひいん）に耐えられる植物種にとって有利になる。

この結果，日本の多くの地域では，陸上での一次遷移はおおむね次の過程をたどる（図 4-5）。

(1) 裸地

土砂崩れによって裸出した地表面や，噴火による火山砕屑（さいせつ）物（火山灰，火山礫（れき）など）が堆積した土地，あるいは溶岩流には，それらが生じた直後においては過去の植生の痕跡はなく，土壌も形成されていない。岩や石礫が風化したり，周囲から風や水流によって土砂がもたらされたりして細かな粒子が生じて集積すると，保水力が生じ，植物が根を張れるよ

★ 11 ——伐採後の切り株や根際（ねぎわ）から伸長する芽。根際から生じるものは「ひこばえ」とも呼ばれる。

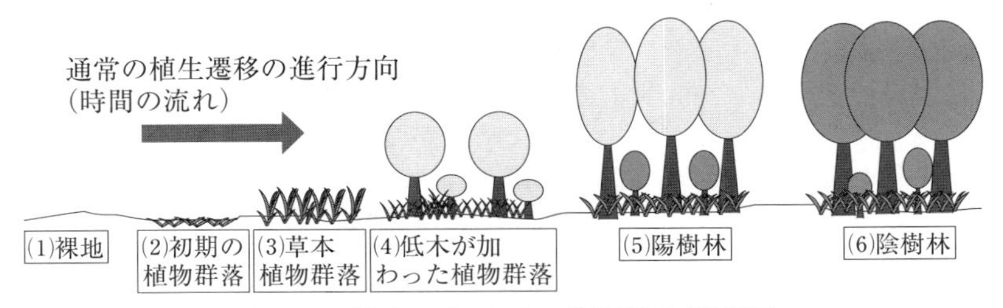

図 4-5　陸上における一次遷移の模式図
薄い色の樹冠を持った樹木は陽樹，濃い色の樹冠を持った樹木は陰樹を示す。なお，図には示していないが，遷移の進行とともに土壌の形成も進行する。

うにもなるため，植物の発芽と成長が可能になる。

(2)　初期の植物群落

コケ類や地衣類の胞子や種子植物の種子も，風や水によって運ばれてくる。発芽した植物の中に，裸地における頻繁な乾燥や大きな温度変化に耐えられるものがあれば，定着して成長する。コケ類や地衣類は，岩のくぼみなど長時間日陰（ひかげ）となり乾燥しにくい場所に生じ，岩の割れ目や石礫の隙間などに細かな粒子が堆積した場所では，乾燥と貧栄養条件に耐えられる一部の種子植物も成長する。これらの植物の成長に伴い土壌の形成も進行し，土壌微生物や土壌動物も徐々に増え始める。

(3)　一年生草本植物群落など

土壌形成の進行に伴い，種子植物の分布が徐々に拡大する。一般的には，一年生草本植物が中心になると言われる。伊豆諸島の大島や三宅島では，窒素固定能力を持った木本植物であるオオバヤシャブシや多年生草本植物のハチジョウイタドリがいきなり裸地に定着した例も知られている（「コラム 4-1」を参照）。

コラム 4-1　三宅島の溶岩流上の植生遷移

三宅島の植生は，2000 年に起こった大規模な噴火から今なお回復の途上にあるが，それ以前にも小規模な噴火がたびたび起こっていた。1940 年および 1962 年の噴火では島の東側に溶岩流が流れ，今日赤場暁（あかばっきょう）と呼ばれる溶岩原を形成した。1987 年の夏に，赤場暁の溶岩流跡を横断する形で調査用のライントランセクト（調査線）を設定し，これに沿って植物群落の調査を行ったところ，その時点では，図のように植生が分布していた。重要な点は，溶岩流の中心に向かうほど植生の発達が悪かったことと，溶岩流のうちスダジイ林に近いところにだけスダジイの実生や稚樹の生育が見られたことの 2 つにまとめられる。

このことから，溶岩流上の植生回復については，溶岩流の周囲からの種子の供給が植生回復を規定する要因の一つである可能性が強く示唆された。

なお，2000 年の噴火の際，この一帯では土石流が発生し，溶岩原の上にも多量の土砂が堆積した。その後数年で，溶岩原の全域でオオバヤシャブシを優占種とする落葉広葉樹低木林が形成された。溶岩流上の場合と比べ短い時間で植生遷移が進行したことは，土壌条件も植生に大きな影響を与えていることを反映するものと考えられる。

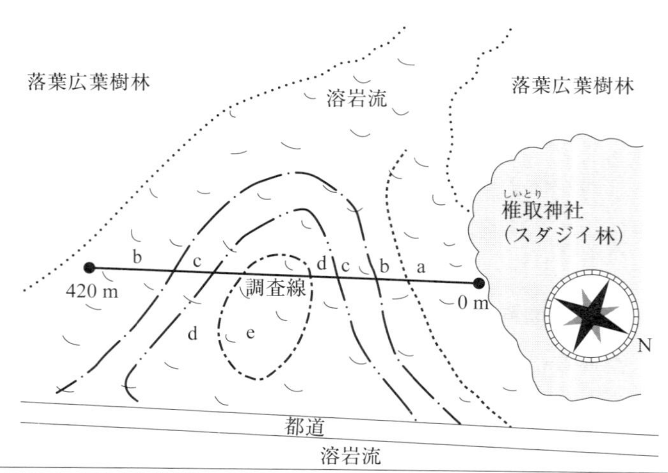

a ：スダジイ（常緑広葉樹）の実生や稚樹を伴うオオバヤシャブシ（落葉広葉樹）低木林
b ：スダジイを伴わないオオバヤシャブシ低木林
c ：オオバヤシャブシを伴うハチジョウイタドリ（多年生草本植物）群落
d ：オオバヤシャブシを伴わないハチジョウイタドリ群落
e ：裸地（溶岩が露出）

図　1987 年における三宅島東部・赤場暁の溶岩流上の植生

(4) 植物群落の発達

土壌の形成が進行すると多年生草本植物が量を増やし，木本植物の定着も始まる。植物の種が多様になり，植生高は徐々に増加して，土壌の発達に伴って根茎もより深くまで伸長するようになる（「コラム4-2」を参照）。

(5) 陽樹林の形成

日照条件がよいところで素早く成長できる木本植物である**陽樹**が成長して，草本植物群落から低木林，さらに高木林へと植生が変化し，植生高はさらに増加する。樹木も地表付近では陰樹も発芽し，稚樹が定着していることが多いものの，陰樹は陽樹よりも成長が遅いことが多く，この段階では陽樹が優占する。

(6) 陰樹林の形成

陽樹が成長し，林の形成が進むと，林の最上部を構成する樹木の樹冠★[12]の集合である**林冠**の隙間はふさがっていき，林床まで届く光の量は少なくなる。その結果，日照条件が悪くても成長できる木本植物である**陰樹**が林床で優占する。暗い林床では陽樹の稚樹は育たない。そのため，陽樹の成木が枯れたり，強風や落雷によって破壊されたり倒れたりすると，その後を埋めるのは陽樹の下で育っていた陰樹であることが多い。こうして陽樹が徐々に陰樹と置き換わり，陰樹が優占する林の形成が進行する。陰樹林の林床でも，陰樹の稚樹にとっては光条件に問題はなく，成長できる。陰樹に代わって生育する植物がないことから，陰樹林はその後長期にわたって維持される。この状態を**極相**（あるいは終局群落）と呼ぶ★[13]。常緑広葉樹のシイ，カシ類のほか，落葉広葉樹のブナ，常緑針葉樹のシラビソなどが代表的な陰樹で，いずれも極相である林

★12 ――樹木について，その枝葉が広がっている部分のこと。

★13 ――第2章で述べたように，気温や降水量によっては，高木林ではなく，草原などが極相となる。

（**極相林**）の優占種となることが知られている。

コラム 4-2 植生遷移の進行に伴う植物の種数の変化

図 4-5 に示したような植生遷移の過程が完了するまでには，数十年から数百年を要するものと考えられる。つまり，植生遷移の開始から極相林（終局群落）の成立までを観察し続けることは大変難しい。そこで，気候条件や地形・土壌条件などが共通で，植生遷移が始まった年代が異なる場所で植物群落を観察することで，植生遷移の過程を推測することが行われてきた。同一の火山で異なる年代に噴出した溶岩流上に見られる植物群落を比較し，新しい溶岩流上には遷移段階の初期に近い植物群落が，古い溶岩流には遷移が進んだ植物群落が見られると考える。

ここに示した図も同様の調査に基づくもので，2000 年に噴火した三宅島の噴火被害からの回復段階が異なる植物群落において，植物種数や樹木の大きさなどを調査した結果を示している。植物群落の高さ（横軸）が大きくなると，樹木の幹の総量（胸高断面積合計で指標される）は単純に増加し，種組成も草地のものから極相林のものへと単調に変化するが（種組成の指数で表現），植物種数は中間段階で最大であった。植生遷移の進行に伴って植物の種多様性は一般に増加するが，そのピークは終局群落の少し手前にあるとも言われる。ここに示した結果はそのことを示すものと言える。

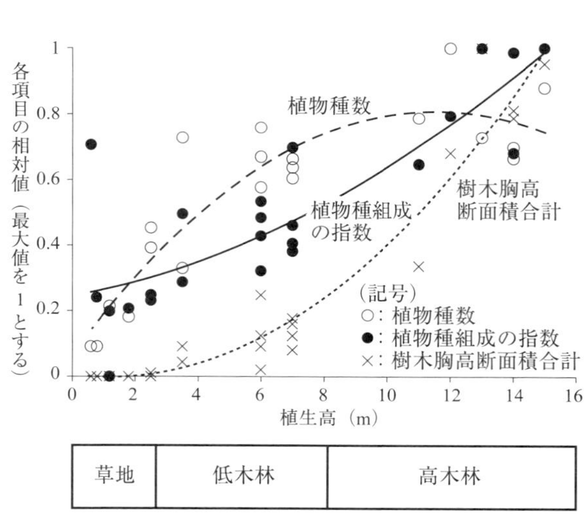

図 三宅島 2000 年噴火後の回復段階が異なる植物群落間の属性の比較

出典：Katoh, K., et al., *Pacific Science*, 74(1), 1-18, 2020 の図 3 を日本語化し，植物種数の近似曲線のモデルを変更した上で加筆

以上の過程は，あくまで典型的，代表的なものである。実際には，個々の立地における様々な条件によって影響されるため，図式どおりの過程になるとは限らない。

二次遷移においては，植物や土壌がまだ多少なりとも残っている状態から植生遷移が始まる。同じ気候，立地条件における一次遷移の場合と同じ極相へと進んでいくことが多い。ただし，植物や土壌の残っている様子，特に土壌中に存在する種子（**埋土種子**（まいど））や発芽可能な植物残渣（ざんさ）（切り株など）の状況に強い影響を受ける。

このほかに，人為的な干渉を継続して受けることで，植生遷移が通常考えられるものとは逆の方向に進んでしまう**退行遷移**や，繁殖力が旺盛で他の植物の生育を妨害するような植物が侵入するなど，特殊な事情によって特別な種類の植物群落が成立し，その後長期にわたって植生遷移の進行が停止してしまう**偏向遷移**といった現象が知られている。退行遷移の例としては，過剰に家畜を放牧することで草原の植物群落が裸地化していく現象を挙げることができる。偏向遷移の例としては，タケやクズが侵入して他の植物を覆って成長し，タケやクズが大きく優占する群落を形成する現象がある。

4.4.3　極相林の中での動き

日本の国土においては，植生遷移の最終段階に位置づけられる極相は，多くの場合高木林であり，**極相林**と呼ばれる。極相林が成立すると，その後は安定して変化のない状態が続くと思われがちだが，実際にはそうではない。

極相林においても，林冠★[14]を形成する樹木（**林冠木**）の各個体は，永遠の寿命を持つわけではない。落雷や強風，病虫害などで立ち枯れたり倒れたりする。場合によっては，数本やそれ以上の林冠木がまとまっ

★14 ――林の植生の最上部で，日光を直接受ける枝葉の部分，林を構成する高木の枝葉（樹冠）の集合体とも言える。

て枯れたり倒れたりすることもある。この場合，林冠の一部に穴が空いた状態になる。この穴空きの部分のことを**樹冠ギャップ**（あるいは単にギャップ）と呼ぶ。

ギャップが形成されると，その部分の林床で既に成長していた稚樹や若木が成長してそこを埋めようとする。ギャップが埋まるまでの間は，周囲に比べて植物の種組成や個体の大きさが異なる状態が続く。その結果，均一なものと思われがちな極相林の中にも不均一性が生じる。同時に，ギャップ単位で植生の若返りが起こり，林全体が一斉に老化して衰退する可能性を下げる結果にもつながっている。樹冠ギャップについては，「**8.2　撹乱と植生遷移**」でさらに説明する。

引用文献

・宮脇昭・編著『日本植生誌』（全 10 巻および総索引）至文堂，1980～2000
・Katoh, K., Yoshikawa, T., Kamijo, T., & Higuchi, H., “Relationship between Vegetation Structure and Avian Communities on Miyakejima Island, Japan, 13 Years after a Major Volcanic Eruption1”, *Pacific Science*, 74(1), 1-18, 2020

参考文献

・宮脇昭・編『日本の植生』学習研究社，1977
・福嶋司，岩瀬徹・編著『図説　日本の植生』朝倉書店，2005
・伊藤秀三・編『植物生態学講座 2　群落の組成と構造』朝倉書店，1977

5 植生と動物の関係

《目標＆ポイント》 第4章で述べたとおり，従属栄養生物である動物にとって，植物は有機物の供給のおおもとである。また，多くの動物は，植物が成長することで形作られた空間や植物体そのものを，生活の場として利用している。したがって植生のあり方は，多くの動物にとって重要な環境条件となる。本章では，植生のあり方と動物群集の関係について具体的に解説するとともに，植生の状態に応じて動物の生息状況が変化している例を紹介する。
《キーワード》 植食動物，スペシャリスト，ジェネラリスト，腐食連鎖，営巣場所

5.1 動物は植物の何を食べるのか

動物が**植物を摂取する方法**は様々であるが，大きく分けると以下の4つである。

①植物をそのまま摂食する。
②植物の分泌物を利用する。
③植物の枯死体を利用する。
④植物を食べる他の動物を食物とする。

5.1.1 植物をそのまま摂食する動物

ある一種類の動物を考えた場合，その動物が樹木（木本植物）のような大きな植物に関して，そのあらゆる部分を食物とすることはほとんど

ない。植物を端から食べているように見える大型の**植食動物**でも，樹木の幹や枝は滅多に食べない★1。植物の中にも動物にとって利用しやすいところとそうでないところがあるからである。植物体の中で利用しやすい部分を食べる動物は，多くの競争相手との競争にさらされる。利用しにくい部分を利用する能力を備えた動物は，同様の能力を備える別の動物が増えてこない限り，食物を巡る競争に備える必要が少ない。

植物の中でも柔らかくて栄養分に富んだ葉は，昆虫から哺乳類までの幅広い動物に利用される。植物にとって，光合成の器官である葉を食べられるのは不利益であり，有害なことである。そのため，動物による食害に対抗する策を進化させた植物種が多い。葉の中に動物にとって有害な化学物質★2を蓄え，食害を防ぐ植物はその例である。しかし，植物が**防衛策**をとると，それに対抗する手段を備える動物も現れる。その際，限られた種類の植物による防衛策にのみ対応できるようになるのが普通である★3。その結果，ある種の動物は決まった種の植物を食べるようになり，別の種の動物はまた別の決まった種の植物を食べるようになる。このように，植物と動物のそれぞれ特定種の間での密接な相互作用は，長期的に見ると新しい種の分化につながっていく可能性もあるとされている。これについては第14章で詳しく述べる。

有性生殖で得られた種子の中には，発芽後のしばらくの間，芽の成長を支える栄養分を蓄えているものがある。このような種子も，動物にとって有用な食物となり得る。しかし，植物としてはやすやすと種子を

★1 ——積雪期で植物が乏しい時に，シカの仲間が樹皮を食べることがある。その場合でも，樹皮の内側の材の部分（木部）はあまり食べない。主に食べられる部位は，樹皮の中でも比較的柔らかい内樹皮である。なお，そこには形成層があり，栄養分を葉から植物全体へ運搬する師管が通っている。

★2 ——植物が意思を持って化学物質を作っているわけではない。何らかの理由あるいは偶然により，そのような物質を産生する能力を備えた植物が，生き残りやすくなって今日まで存続している，ということである。次に記した動物の側の対抗手段についても同様。

★3 ——特定の化学物質を分解するための酵素を作るようになる，など。

食べさせるわけにはいかない。種子の丈夫な殻や皮は，動物に食べられた場合に噛み砕かれたり，穴を空けられたり，動物の消化管内で分解されたりすることを防ぐ役割を果たし得る。しかし動物側も，種子の皮（種皮）に穴を空けて内部に侵入したり，産卵したりするための器官を備えたり，皮や殻ごと種子を噛み砕いて内部を食べてしまえるような丈夫な口器を備えたりするなど，種子を食物として利用するための体制を持つに至っている。

種子を動物が好む物質で包み，その部分を動物に食物として利用させる代わりに，種子を無傷で排出させることで，**種子散布者**として動物を利用する植物もある。液果あるいは漿果と呼ばれる果実をつける植物はその例であり，種子の周りに水分や糖分に富んだ果肉をつけている。果肉は動物によって利用されるが，種子は糞とともに排出される。動物が果実を食物とし，植物は動物に種子を散布させるという状況は，動物と植物の双方に利益がある関係と言える（相利共生，**第７章**で詳しく説明する）。

花もまた，動物によって食べられる。例えば，大型の植食動物は，葉を食べるのと同様に花も食べてしまう。鳥の中には，花のつぼみを好んで食べる種類がいる。日本に生息するウソという鳥は，夏の間は山地で過ごし，秋に低地に移動し，そこで冬を越す。山地に戻る前の早春に，サクラのつぼみを食べ，新聞などに取り上げられることもある。鳥の中では，カワラヒワやシメ，あるいはスズメなども，サクラなどのつぼみをついばむ。

5.1.2　植物の分泌物を利用する動物

花の中には，栄養分が多く含まれる蜜を分泌するものがあり，蜜によって昆虫などを引き寄せる。昆虫などに蜜を提供する代わりに，花粉をその体に付着させ運ばせる。このような関係もまた，双方に利益があると言える。

昆虫だけでなく，一部の鳥類も花の蜜を食物とする。海外では中南米のハチドリ類がその例として有名だが，日本には野生では生息していない。ハチドリ類よりやや大きいメジロは，冬から早春にかけて花の蜜をよく吸う。この時期に開花するツバキは，メジロに花の蜜を提供する代わりに花粉を媒介（他の花へと運搬）させていて，**鳥媒花**とされる。このように，花の蜜の利用についても植物と動物の間で密接な関係が認められる。

蜜ではなく，花粉を食物としている動物もいる。**花粉食**の動物にはハナバチやハナアブの仲間，ハナムグリの仲間，アザミウマの仲間，一部のダニ類などがいる。これらの動物は，単に花粉を食べるだけでなく，体表に花粉を付着させたまま移動することで，花粉を運搬する役目も果たす。

樹液を利用する動物も多く，**樹液食者**と呼ばれる。樹皮にできた傷から滲(し)み出した糖分の多い樹液を利用する動物の多くは昆虫で，カブトムシ，クワガタムシの仲間，スズメバチ類，一部のチョウ，その他多くの種類の昆虫が知られている（図 5-1）。日本には生息していないが，北米に生息するシルスイキツツキというキツツキの仲間は，樹木の幹に穴を空けて，そこから滲み出してくる樹液を採食する。このキツツキが穴を空けた樹木には，キツツキ以外にも樹液を採食する多くの昆虫や動物が集まってくる。セミやカメムシ，アブラムシは，植物に管を差し込んで，植物の汁を吸って食物としている。

5.1.3　植物の枯死体を利用する動物

生きた植物ではなく，植物の死んだ部位を利用する動物もいる。木本

図 5-1　樹液に集まる昆虫
木の幹に生じた傷から滲出（しんしゅつ）した樹液に多数の昆虫（主にカブトムシ）が集まっている。樹液の利用もまた，動物による植物の利用様式の一つである。

植物の幹や枝を形作る材の部分は，死んだ細胞の外壁が形をそのまま保ちつつ残ったものである。植物を形作る物質として，量は多いものの利用されにくい部分である。落葉や落枝（動物の死骸とあわせて**デトリタス**と呼ばれることもある）も，材と同様に分解されにくい有機物でできている。主に，セルロース，ヘミセルロース，リグニンといった化学物質である。

セルロースは，植物細胞の細胞壁を構成する主要な化学物質である。葉や花，果実などの場合は，細胞壁に守られた中身，つまり細胞質の部分を消化吸収することができれば，細胞壁は未消化のまま排出しても食物として利用できる★4。しかし，材あるいは落葉・落枝の場合，セルロース，ヘミセルロース，リグニンなどの化学的に安定で分解されにくい物質がほとんどを占める。セルロースを食物として利用することができる動物は，セルロースを分解するための消化酵素である**セルラーゼ**を生産できる貝類などや，セルロースを分解する能力を持つ微生物を消化管内に共生させる動物に限られる。シロアリ類や食材性のゴキブリ類は自身でもセルラーゼを合成するための遺伝子を持つが，共生微生物の助けも借りて，材，落葉・落枝などのセルロースやヘミセルロースを食物として利用する。リグニンを分解できる生物は，木材腐朽菌と総称される菌類（主にキノコの仲間）にほぼ限られている。

林床の落葉や落枝には，バクテリアや菌類などの微生物が付着し，増殖する。そのような微生物によって分解が進んだ落葉・落枝や，これらの微生物そのものを，食物として利用する原生生物や小型の動物もいる。動物としては，ダンゴムシやミミズなどのいわゆる土壌動物がこれにあてはまる。この場合，動物自身が分泌する消化酵素によって落葉・落枝を消化吸収するだけではなく，落葉・落枝に付着し，それを分解して栄養を得ている微生物を落葉・落枝とともに摂取し，食物として利用することもある。落葉・落枝は動物に食べられることで砕かれて細かくなり，糞として排出される★5。微生物が再びそこで増殖し，さらに食べられる。落葉・落枝など生物の遺骸から始まる食物連鎖については，特に**腐食連鎖**と呼ぶ。

★4 ──ウシ，ウマなどの植物食の哺乳類は，消化管内にセルロースを分解できる微生物を共生させていて，セルロースも食物として利用できる。

★5 ──ミミズの場合，土も一緒に食べ，土と植物残渣（ざんさ）が混じった糞を排出する。この糞が土壌の構造を変え，通気性や透水性を改善するなどして，植物の生育を助けるとされる。

5.1.4　植物を食べる他の動物を食物とする動物

以上は，植物やその枯死体を直接的に食物とする例である。これに加えて，植物やその枯死体を食べる動物を食物として利用する動物がいる。植物を間接的に食物としていることになる。これらの動物も，採食の場所は植物の表面や内部，あるいは植物の近傍であることが普通である。植物を食べる動物は，植物の表面や内部にいることが多いためである。

このように，植物は様々な形で動物の食物として利用される。動物の種類によって，特定の種類の植物の特定の部位を利用することもあれば，幅広い種類の植物をいろいろな形で利用することもある。言い換えれば，利用する植物の種類や部位が限定される**スペシャリスト**から，多様な植物の多様な部位を利用する**ジェネラリスト**まで存在する★6。植物を食べる動物にはスペシャリストが多く存在するため，ある場所に生育する植物の種類が多くなると，そこに生息する動物の種類も多くなる。

5.2　動物の生活の場としての植生

動物が植物を食物として利用するやり方が多様であるということは，植物を食べるために動物が植物上で占める場所もまた多様であることを意味する。葉を摂食するものは葉の表面や内部に，材を摂食するものは幹の中にいることが多いし，時期によってあったりなかったりする花や果実を利用する動物は，多くの植物を巡って適切な花や果実を探す必要がある（図 5-2）。

これに加えて，巣を作ったり塒（ねぐら）をとったりするために植生を利用する動物もある。ここでは，**鳥類の営巣**を例に考える。

森林で暮らす鳥類の多くは，枯れ枝や枯れ葉，コケなどを集めて巣を作る。図 5-3 のような枯れ枝を集めて作られる巣が，いわゆる鳥の巣としてよく思い浮かべられるが，コケや落葉を集めて作られる巣（図

★6 ――特定の種類の資源のみを利用するのがスペシャリスト，多様な資源を利用するのがジェネラリスト。食物以外の資源，例えば営巣場所についても，これらの言葉が用いられる。

図 5-2　動物は，植物のどこで何を採食するか
樹木のほぼ全ての場所で，動物による採食行動が行われ得る。

図 5-3　キジバトの古巣
鳥の巣は，このように木の高いところにかけられているものばかりではない。

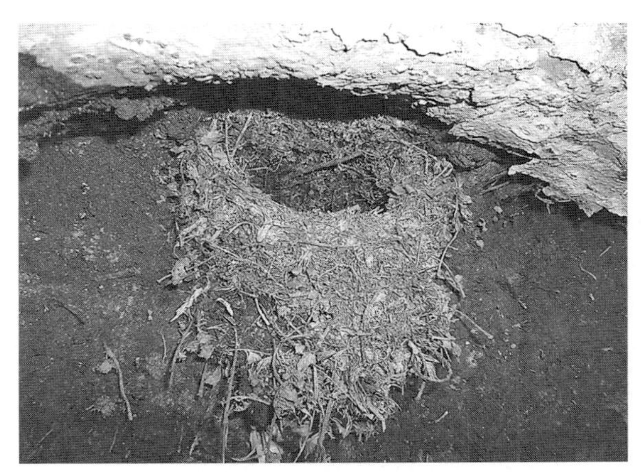

図 5-4　ミソサザイの古巣
木の根元が崖の外側に張り出しており，張り出した部分の下側に巣ができていた。コケや葉などを集めて作られている。目立たないが，見つけてしまえば人間が容易に手を出すことができる位置であった。

5-4），地表に卵を産むだけの巣など，多様な形態，材質のものがある。

営巣場所も種によって異なる。例えば，オオタカやサシバ，ハシボソガラスは，主に枯れ枝を組み合わせて作った巣を，高木の比較的高いところにかけることが多い。カワラヒワも，針葉樹の高い場所にある枝分かれ部分に営巣することが多いが，巣は草木の根など細い筋状の素材や羽毛，樹皮などをお椀型に組み上げたものである。キジバト，カケス，オナガ，ヒヨドリなども，高木あるいはもう少し高さの低い木も利用して営巣する。また，水鳥ではあるが，サギの仲間やカワウは，高木の上に巣をかけることが多い。どちらも集団で営巣し，サギの営巣地の中には「サギ山」と呼ばれているところもある。

低木の枝の間に巣をかける種類もある。モズ，ホオジロ，アオジなどがそうした場所に巣をかけることが知られている。ウグイスも同じように地面からの高さが低い場所に営巣するが，低木よりもササやススキの稈（かん）を利用して，ササやススキの葉で作られた巣をかける。

地面に営巣する種類もいる。一応巣のようなものを作る種もあれば，地面にそのまま，あるいはわずかにくぼみを作るぐらいで卵を産んで温めるような種類もある。このような種としては，キジ，ヤマドリ，ケリ，ヒバリ，ヨタカなどが知られている。ミソサザイやオオルリ，ヤブサメ，メボソムシクイなどは，岩のくぼみや木の根際（ねぎわ）の陰に巣を作る（図5-4）。崖や急な斜面など，地上を移動する動物が近づきにくい場所を選んで営巣することもあるが，そうでないこともある。地上に営巣する場合は，地上を移動する捕食者の攻撃を受けやすいため，周囲の風景に溶け込むような，目立ちにくい外観の巣を作ることが多い。

木の幹に穴を空けたり，あるいは既に空いている穴（**樹洞**（じゅどう））を利用したりして巣を作る性質のことを，**樹洞営巣性**という。野鳥の生息を助ける目的で巣箱をかけることがあるが，巣箱に営巣する鳥のほとんどはこうした樹洞営巣性の種である，キツツキの仲間など一部の樹洞営巣性の鳥類は，自力で幹に穴を空けて巣を掘ることができる。それ以外の樹洞営巣性の鳥類（フクロウやシジュウカラなど）は，既存の樹洞を利用して営巣する。ムクドリやスズメも樹洞に営巣するが，彼らは樹洞とは言えないような隙間やくぼみにも巣をかけることができ，したがって，人間の家など人為的な構造物に存在する様々な隙間も営巣に利用する。

このように，鳥類の**営巣場所**にも種間の違いが認められる（図5-5）。地上に営巣する種が樹上に営巣することはない。また，樹洞に営巣する種が木の枝に巣をかけることもない。鳥類のそれぞれの種は，営巣に適した環境がなければ，繁殖できない。例えば，市街地の近くに残された林で，人間のレクリエーションの妨げになるとして低木や草，ササなどを除去してしまうと，そうした植物を利用して営巣する鳥はその林では

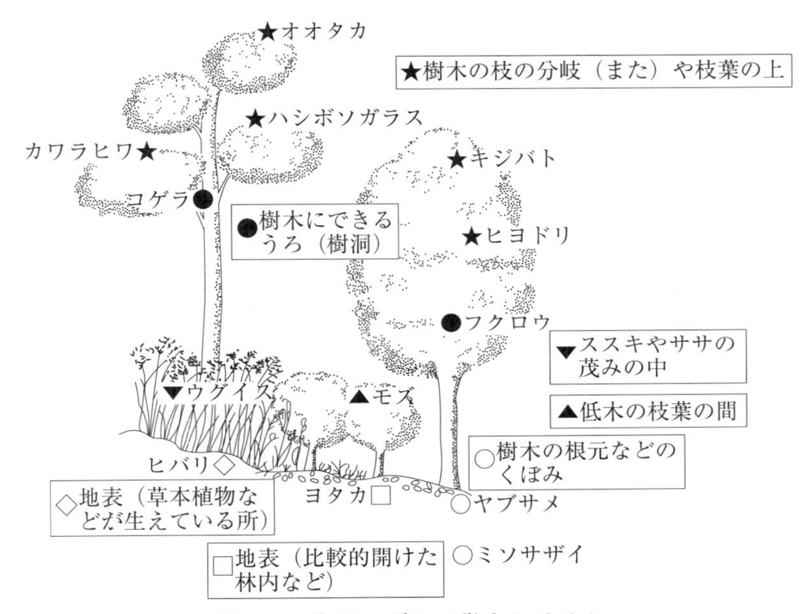

図 5-5　鳥は，どこに巣をかけるか

営巣場所は鳥の種によって異なる。植生を部分的に取り去った場合，取り去られた部位やその周りの地表を利用して営巣していた鳥は，その場所では営巣できなくなる。

繁殖できなくなる。

以上，鳥類の営巣場所を例にして，動物の種によって生活の場となる植生の部位が異なることを紹介した。鳥類に限らず，複雑な構造の植生が成り立っていることが，多様な種からなる動物群集の持続を可能とする。陸上だけでなく水中でも，抽水植物や沈水植物などの水生植物（図 6-4 を参照），あるいは水辺植物の根などが水中に作り出す空間は，動物の生息場所として重要な働きをする。このうち河川における状況については，第 12 章でさらに説明する。

5.3 動物にとっての環境としての植生の評価

このように，植物あるいはその集合である**植生**は，動物に食物や生活の場を提供する役目を果たす。したがって，動物の周囲に存在する植生のあり方は，動物にとって重要な環境条件として見ることができる。

植生のあり方を動物にとっての環境条件として捉え，それを動物の生息状況を説明するのに適した形で表現することは，動物の生息状況を理解する上で重要な意味を持つ。ここでは，このような目的で植生を把握する際の主要な視点を紹介する。

なお，ある動物にとっての環境を形作る植生は，しばしば複数の種類の植物群落から構成されている。一方，植生の調査はそれを構成する植物群落ごとに行われることが多い。以下の文では説明を平易にするため★7，単一の植物群落によってそこの植生が形作られているとして記述した。

5.3.1 相観

第４章で既に述べたように，植物群落の種類はその**相観**によって大きく分けることができる。相観が異なれば，植物群落を構成する主要な植物も異なり，それを利用する動物も異なることが多い。特に，植物群落の高さの違い，すなわち高木林か，低木林か，草地か，裸地に近い場所であるかという違いが重要となる。

5.3.2 種組成

どのような植物種が生育しているかによって，動物の種類も左右される。利用する植物の種類にそれほどの制約がない植物食あるいは雑食★8の哺乳類にとっては，植物の**種組成**はそれほど重要ではないが，

★7 ——実際に植生と動物の対応関係を調査する場合も，可能であれば，個々の調査区は異なる種類の植物群落にまたがって設定されないことが望ましい。その方が，結果の分析や解釈が容易になる。

種ごとに利用できる植物種が限られる多くの昆虫種にとっては，その昆虫種が利用できる植物種が生育しているか否かが，生息の可否を左右する。鳥類のうち，種子や果実，花の蜜を主要な食物とする種の場合は，その種が利用可能な種子や果実，花が得られるかどうかが問題となる。

5.3.3　植物種数

植物群落の相観が同じである場合，**植物種数**が多いほど，より多くの種類の動物に食物を提供できると考えられる。植物種数を把握するためには，生育する全ての植物種を識別することが必要であり，種組成を把握するのと現場の労力の上では違いがほとんどない★[9]。ただし，種組成を数値で表現することは簡単ではない★[10]。植物種数は数値によって容易に表現することができるので，動物群集との間の対応関係の分析や検討を行いやすい。そのため，動物にとっての環境条件として特定の場所の植生を捉える場合，植物種数を利用することがある。その際，植物をいくつかのグループに分けて，グループごとの種数を考慮の対象とすることもできる。例えば，草本植物と木本植物の種数，在来種と外来種の種数といった形になる。

5.3.4　植被率と階層別植被率

植生の発達の程度を評価する際によく利用されるのが**植被率**である。植被率は第 4 章で紹介した被度とよく似た尺度であるが，特定の種では

★ 8 ──雑食というのは，いろいろなものを食べるという意味ではない。他の動物の身体（肉）と植物質のものの両方を食物として利用する動物の食性を雑食という。

★ 9 ──種数を把握するだけなら，ある個体ともう一つの個体が別の種であるという判断を行うことができれば十分であり，それぞれの種の名前を判定（同定）する必要がない点で異なる。もっとも，出現種を一つ一つ同定した方が，種の見落としや重複をより確実に防ぐことができる。

★ 10 ──生物指数や序列化型多変量解析といった手法を適用することで，種組成を特定の視点から数値化することは可能である。これらは高度な知識を必要とする分析手法なので，ここではこれ以上触れない。

図 5-6　森林の植物群落の断面の模式図

植物社会学的群落調査では，それぞれの群落の状況に応じて高木層から草本層までの各階層を区分する。よく発達した森林では，亜高木層や低木層を2つ（以上）に細分した方が実態をよく表現できる場合もある。図では省略したが，地表部分に地表層（コケ層，蘚苔地衣層）を想定する場合もある。

なく，その場所にある全ての植物体を地表に投影したと仮定する。その時に投影された部分の面積が，地表の面積に対して占める割合を示す。

植被率は，植生あるいは植物群落全体ではなく，その中の特定の階層を対象として算出することもできる。これが**階層別植被率**である。植物群落を構成する植物を，**高木層**（森林の植物群落において，林冠を構成する植物個体＝高木の集団），**亜高木層**（林冠を構成しないが，その直下に枝葉を広げている植物個体の集団），**低木層**（林内で，林冠から離れた低い位置に枝葉を広げている植物個体の集団），**草本層**（地表付近に枝葉を広げている植物個体の集団），**地表層**（蘚苔地衣層，地表を覆っている蘚苔類や地衣類の集団）に分け（図 5-6），階層ごとに植被率を記録する。ただし，階層構造の判断はともすれば調査者の判断によるところが大きくなり，客観性が損なわれやすい。そこで，地表からの高さを決めて，高さごとに植被率を評価することも行われる（「コラム5-1」を参照）。

目視による植被率に代えて，魚眼レンズを装着したカメラを用いて植生の内部から真上の様子を撮影し，得られた画像から植被に覆われていない部分の割合（開空率）を求めることもある。その場所に光を遮るものが植被以外にない場合には，1から開空率を減じれば，レンズよりも高い位置における植被率となる。撮影位置（地面からの高さ）を変えることで，高さごとの植被の情報もある程度は知ることができる。

コラム 5-1　階層別植被率の調査法の例

半径25 mの調査区を設定して，その中に出現した動物（鳥類など）を記録する，という調査を行うとする。同じ場所で動物の生息環境としての植生のあり方を知るために，階層別植被率を調べる方法の一例を紹介する。

調査区の中心を通る長さ50 mのトランセクト（線状調査区）を2本，直交するように設定する。この上に，端から端まで2 m間隔で26の測定点を置く。それぞれの測定点において，地表から0，12 cm，37 cm，75 cm，1.1 m，1.5 m，3 m，4.5 m，6 m，9 m，12 m，18 m，および24 mの高さの場所に植物体が存在するかどうかを調べる。本来は，ある一点に植物体があるか否かを判断するべきだが，特に地表から離れた場所ではそうした判断は現実的でない。そこで，指定された点を中心とする半径数十cmの水平円盤ないし球を想定し，その中に植物体があるかどうかを判断する。この場合，計測される植被率は真の植被率に比べて過大に推定される。同じ調査法で記録された植被率同士を比べるのでない場合には，注意が必要である。

高さの区切りや測定点の間隔，トランセクトの本数は，状況に応じて変更できる。枯れ葉のみが存在する場合も記録の対象とするが，生きた植物体が存在する場合とは区別して記録するのがよい。測定点における地表からの高さの確認のためには，折尺と測高棹を利用する。測高棹で測定できない高さについては，ブルーメライス樹高計など光学式の樹高計や，レーザー光を用いた計測器を用いる。

調査後，それぞれの調査区で，地表からの高さ別に，植物体の存在した測定点の数を合計する。集計した結果に基づき，高さ別の植被率が計算できる。例えば，50 m のトランセクトに沿って 2 m 間隔で 26 個の測定点を設け，そのうち 13 個の測定点で植物体が記録された高さがあれば，その高さでの植被率は 13/26 で 50 %となる。階層別植被率とする時は，例えば 0～50 cm を草本層，その上 2 m までを低木層，その上 8 m までを亜高木層，それ以上を高木層と便宜的に見なし，それぞれの階層に属する高さの植被率を平均するか最大値を求めて，各階層の植被率とすることもある。

なお，本書第 10 章の図 10-2 に示したグラフは，このようにして調査された結果に基づいて描いたものである。

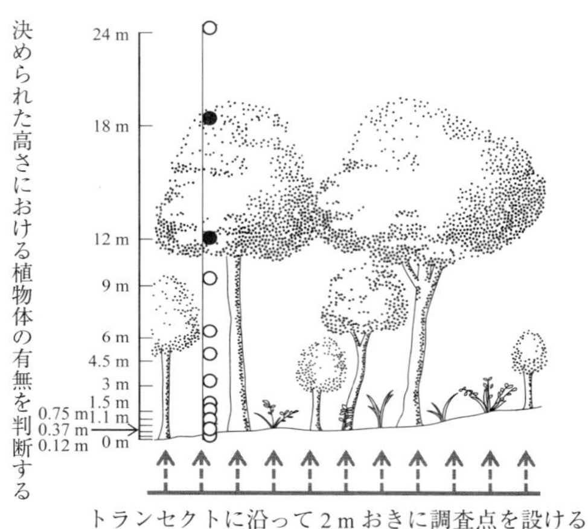

図　階層別植被率の調査法の例

トランセクトに沿って調査点を設け，その直上における植被の分布を調べる。左から 2 番目の調査点の場合，○は指定の高さに植物体なし，●はありとなる。

5.3.5　おわりに

動物にとっての環境条件として，動物の生息場所における植生の状況を考える場合に考慮される主要な属性は，相観，種組成，種数，植被率・階層別植被率などである。都市化に伴う緑地の鳥類の変化や（第 10 章），火山活動の鳥類への影響（コラム 5-2）などは，植生のこうした属性の変化に対応するものとして説明できることが多い。このほか，樹洞の数（多ければ樹洞営巣性の動物の生息が容易になる），地表における落葉の堆積状況（落葉が堆積していればそれを摂食する土壌動物が増え，それを食物とする他の動物にとって都合がよい），他の植物を排除しやすいタケ・ササ類の植被率（高いほど動物の種多様性は低下しがち）など，植生のある限られた側面を評価する指標が，動物の（特に特定の種類の）生息状況をうまく説明することがある。特定の動物種のみを取り上げる場合には，その動物種の食性や行動上の特徴を可能な範囲で把握しておくことで，特に取り上げるべき植物種を絞り込んで調査し，検討を加えることもできる。

コラム　5-2　三宅島の森林における噴火による植生被害と鳥類相の関係

植物は，動物により直接あるいは間接的に食物として利用される。さらに，多くの動物にとっての生活の場を形作る。したがって，植生が発達するほど動物相は豊かになるはずである。もともと森林だった場所で，場所によって異なる程度で植生が損なわれ，回復の状況も場所によって異なる場合，植生の状態によって動物相はどの程度異なるだろうか。

伊豆諸島に属する三宅島では，2000年の夏に大規模な噴火が起こり，山頂付近の火口から噴出した火山弾や火山灰により，島の広い範囲で植生が失われたり損傷したりした。これに続く火山ガスの噴出により，噴火を生き延びた植物の一部がさらに枯死した。その結果，火山ガスの噴出が停止した2016年8月までは，標高の高いところ，すなわち火口に近いところほど植生が乏しく，火山ガスが流れやすい島の東側と南西側では標高の低いところでも植生が乏しい，という状況が生じていた。

火山ガスが噴出していた期間中に島内各地に調査区を設定し，植生の状態と，記録された鳥類の種数の関係を分析したところ，樹木の植被率と鳥類の種数との間には，調査した年によらず明瞭な正の相関が認められた（図）。ただし，一部の年では，島の一部の場所で尺取虫（シャクガの幼虫）が多量に発生した。そのような場所では尺取虫が鳥類の食物となるため，同程度の植被率の他の場所と比べて，鳥類の種類が多くなっていた。

樹木植被率が低い場所でも草本植物が多ければ，草地を好む種類が入り込んで記録されてもよさそうなものである。しかし，三宅島の場合，草地を好む鳥の種類は森林性の鳥の種類に比べて少ない。そのため，森林として植生が回復しているかどうかによって，鳥の種類の多少が左右されてしまうと考えられる。

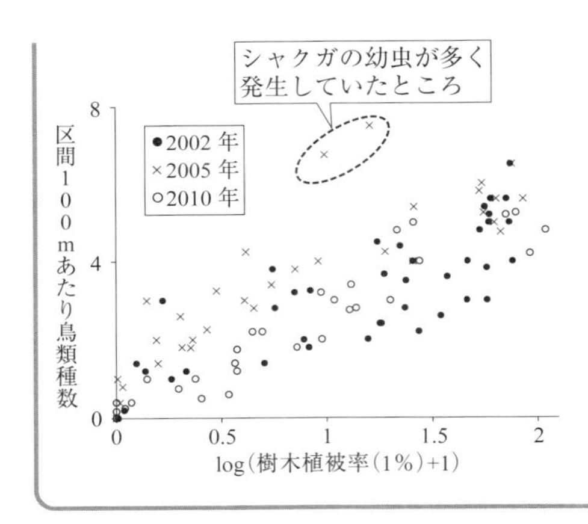

図　2000年噴火後の三宅島において，噴火前は森林だった場所で記録された鳥類の種数と樹木植被率の関係

出典：加藤和弘，樋口廣芳「三宅島2000年噴火後の植生の退行・回復にともなう鳥類群集の変化」，『日本生態学会誌』，61(2)，177-183，2011の図3をもとに改変

引用文献

・加藤和弘，樋口廣芳「三宅島2000年噴火後の植生の退行・回復にともなう鳥類群集の変化」，『日本生態学会誌』，61(2)，177-183，2011

参考文献

・柿澤亮三，小海途銀次郎『日本の野鳥　巣と卵図鑑』黒田長久・監修，世界文化社，1999

・小林正明『花からたねへ―種子散布を科学する』全国農村教育協会，2007

・日野輝明『鳥たちの森』東海大学出版会，2004

・一ノ瀬友博，加藤和弘「埼玉県所沢市の孤立樹林地における越冬期の鳥類分布と植生構造との関係について」，『ランドスケープ研究』，59(5)，73-76，1996

・Erdelen, M., “Bird communities and vegetation structure: 1 Correlations and comparisons of simple and diversity indices”, *Oecologia*, 61, 277-284, 1984

6　水域生態系における生産者と分解者

《目標＆ポイント》 生物は，生態系内の物質循環における役割によって，生産者，消費者，分解者に分けられる。陸上における生産者については第４章，第５章で説明したが，水中では状況が大きく異なり，水底の堆積物の表面などに付着して生息する付着藻類と，水中に漂って生活している植物プランクトンが，主たる生産者である。どちらも大部分は，肉眼では個々の個体がほとんど識別できない微生物である。生物の遺骸や排出物は，分解者と呼ばれる生物が分解する。水中では，細菌など微生物の役割が大きい。分解者がいなければ死骸や排出物が分解されず，植物に必要な栄養分が循環しなくなるのは陸上と同じだが，水中では，食物網において分解者が捕食者に食べられる過程の重要度が高いことが特徴である。本章では，水域におけるこうした生産者と分解者の様相について紹介する。
《キーワード》 付着藻類，植物プランクトン，動物プランクトン，微生物，一次生産，分解

6.1　水域の小さな生産者たち
—植物プランクトンと付着藻類

水中でも，生態系における**一次生産**を担うのは植物である。ただし，陸上と水中では，植物の種類や生育の様子が大きく異なる。

陸上における植物は，**維管束植物**（**被子植物**，**裸子植物**，**シダ植物**）が大半を占め，これに**蘚類**，**苔類**などが加わる。そして，維管束植物が中心となって植生が形成され，気温や降水量などの条件に応じて，森林

や草地などが成立する（第２章）。

維管束植物や蘚類，苔類は水中にも見られるが，それらの現存量は少ない。代わって水中で一次生産の中心となるのが，**藻類**である。藻類といっても，その中には多様な生物群が含まれる。酸素を発生させる**光合成**を行う生物★[1]から，維管束植物と蘚類，苔類★[2]を除いたもの全てを，ひとまとめにして藻類と称しているからである。土壌中に生息するもの，菌類と共生して陸上で生活するもの（共生相手の菌類とあわせて**地衣類**と呼ばれる）など，様々な場所に生息するものがあるが，大半は水中に生きている。

藻類として扱われる主な生物群としては，褐藻，紅藻，緑藻，車軸藻，接合藻，珪藻，渦鞭毛藻（うずべんもう），円石藻，シアノバクテリア（藍藻）などを挙げることができる。以下で，主な種類について簡単に説明する。

6.1.1　多細胞性の藻類

(1) 褐藻

海の藻類として一般に最もよく知られているグループ。光合成のための色素として，**クロロフィルａ**に加えて橙色の**フコキサンチン**を持つため，黄褐色に見える。コンブ，ワカメ，ヒジキといった食用になる種類を含む。葉状，樹枝状，糸状など，種類ごとに様々な形状の**藻体**を作る。藻体はしばしば大型になり，数十ｍもの長さに達することもある。海中ではしばしば集団で生育し，森林にたとえられるような群落を作って，魚類をはじめ多くの動物の生息場所となる。ホンダワラの仲間は，付着していた岩から分離した藻体が海面を漂い，**流れ藻**となって小型の

★1 ――酸素を発生させずに光合成を行う光合成細菌は，ここに含まれない。したがって，藻類にも含まれない。

★2 ――ウーズの６界説など，伝統的な生物分類体系では，これら３グループの生物はいずれも植物界に分類されている。藻類とされる生物は，植物界（緑藻，車軸藻，接合藻），原生生物界（褐藻，紅藻，珪藻，渦鞭毛藻（うずべんもう），円石藻），真正細菌界（シアノバクテリア）にまたがっている。ここで原生生物界に分類された藻類は，より新しい分類ではクロミスタ界に分けられている。

魚類などの生息場所となる。

(2) 紅藻

淡水にも生育するが，多くは海藻として知られる。光合成色素として，クロロフィルaに加えて赤色の**フィコエリスリン**を持つため，赤く見える。この色素のおかげで，水深の増加に伴って急速に減衰する赤色光ではなく，ある程度深いところまで届く緑色光を光合成に利用でき，緑藻や褐藻よりも深い海中で光合成ができる。単細胞性のものもあるが，多くは多細胞性である。人間の暮らしに身近な紅藻としては，養殖されて海苔（のり）に加工されるアサクサノリ，寒天の原料となるテングサの仲間，刺身のツマになるオゴノリ，福岡地方の海藻食品である「おきゅうと」の原料となるエゴノリがある。

(3) 緑藻

光合成色素として，陸上植物と同じくクロロフィルaおよび**クロロフィルb**を持つため，緑色に見える藻類。アオサのように多細胞性のものもあれば，淡水のイカダモやクンショウモのように**群体**★3を作る種類（図6-1），クロレラのように単細胞性のものもある。多くは水深10 mより浅いところに生育するが，より深いところに生育する種類もあり，そのような種類はクロロフィルに加えて**カロテノイド**の一種を使って光合成を行う。

(4) 車軸藻

淡水産の多細胞藻類。一見してクロモやスギナモなどの**沈水植物**（維管束植物であり，藻類ではない）に似ているが，構造がより単純で，維

★3 ――藻類細胞が複数集まり，種ごとに特徴的な外形を持った集団を作ることがある。この集団を群体と呼ぶ。群体を作る細胞同士は，粘性の高い多糖類（寒天状の物質，粘液）を介してまとまっていたり，珪藻の場合は被殻（ひかく）に連結用の構造を持っていてそれで連結したりする。

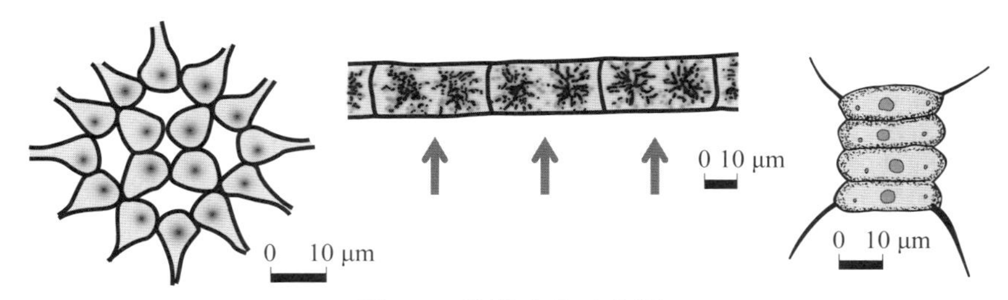

図 6-1　群体を作る藻類

左からクンショウモ，ホシミドロ，イカダモ。図のクンショウモは 16 細胞，イカダモは 4 細胞が集まって群体を作っている。ホシミドロは細胞が細長く連なり，糸状の群体を作る（一部のみ描かれている両端のものを除き，一つ一つの細胞を↑で示す）。

管束植物とは別の分類群である。湖沼では沈水植物よりも深いところにまで生育する。富栄養化に弱く，絶滅危惧種とされるものが多い。

6.1.2　単細胞性のもの

(1) 接合藻

多くの藻類は，有性生殖のための**配偶子**や**遊走子**という鞭毛を持った細胞を作るが，そのような細胞を作らず，藻体を構成する細胞同士が**接合**して有性生殖を行うものを指す。多数の細胞が集まって糸状の群体を作るもの（ホシミドロなど）と，単細胞性のものが知られている。ほとんどは淡水に生育し，チリモの仲間は高層湿原でよく見られる。

(2) 珪藻

地球の水域において特に重要な一次生産者とされる単細胞性の藻類。細胞がケイ酸質の**被殻**（ひかく）と呼ばれる箱あるいは円筒状の構造に覆われているのが特徴である（図 6-2）。被殻には微細な突起や穴が多数存在し，

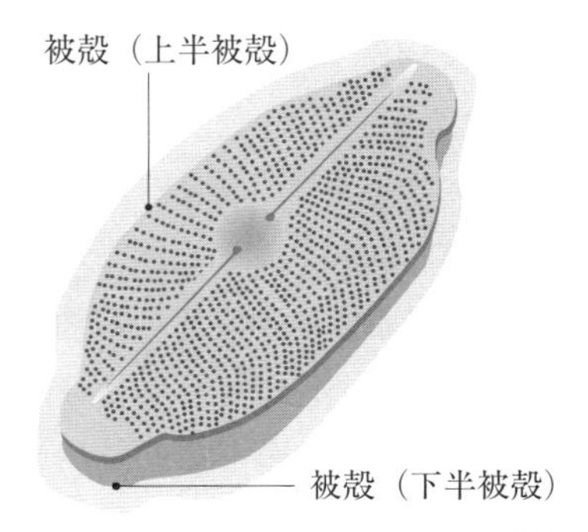

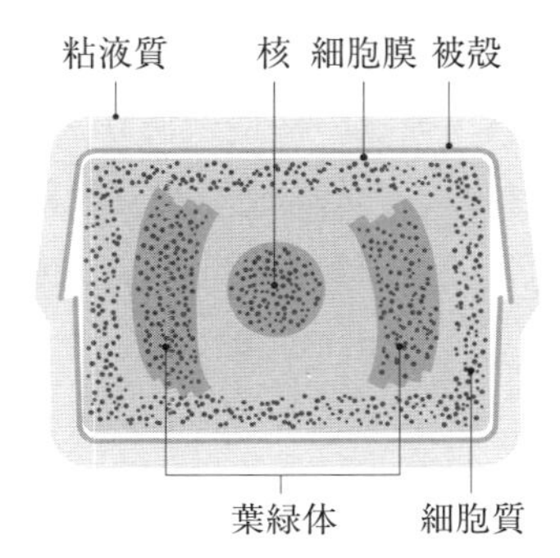

図 6-2　珪藻の構造

左は被殻の模式図。箱形をしており，ふたに当たる上半被殻と中身に当たる下半被殻が組み合わさって全体を構成する。右は細胞の断面図。細胞膜の外側に細胞壁に相当する被殻が形成され，その外側には粘液質の層が作られる。葉緑体の形態は種によって差異が大きい。珪藻の大きさは種によって大きく異なり，被殻が箱形の種類（羽状型珪藻）の場合，長軸方向の長さが 10 μm 弱のものから 200 μm 以上のものまである。

光学顕微鏡で見るとこれが放射状の線条や点紋に見える。被殻の形状や模様は，種の同定のための規準として利用される。被殻は堆積物中に長期間残るため，**堆積年代**や**堆積時の環境**の推定を行う材料となる。被殻の外に粘度の高い液体（粘液）を分泌できる種もある。**付着生活**をする種は，岩などの**付着基盤**（付着基物（きぶつ））に付着したり，基盤上を滑走したりするために粘液を利用する。浮遊生活をする際には，粘液が突起状になって沈降速度を低下させる働きをする。他の藻類と異なり被殻を持つために，生息には**ケイ酸**が不可欠であり，その欠乏によって生育が抑制される。多くは単体で生活するが，群体を形成する種も知られる。

(3) 渦鞭毛藻

2 本の**鞭毛**を持つ単細胞藻類。形態は多様で，角状の突起を複数持つものや卵形で顕著な凹凸を持たないものなどがある。細胞の表面に**鎧板**(がいばん)という板状の構造があり，並んで殻のようになるが，これを持たない種類もある。光合成を行う種類と，原生生物を捕食する従属栄養性のもの，光合成も捕食も行う**混合栄養**のものがある。富栄養海域ではしばしば多量に発生し，**赤潮**の原因となる。渦鞭毛藻の中で**褐虫藻**と呼ばれる種類は，サンゴなどの海洋動物と共生する。サンゴ（褐虫藻が共生するサンゴは造礁サンゴと呼ばれる種類であり，全てのサンゴに褐虫藻が共生するわけではない）に住み着いた褐虫藻は，安全な空間とサンゴの呼吸による二酸化炭素，代謝産物である窒素化合物（栄養塩）を受け取り，サンゴには光合成による同化産物と酸素を提供しているという**相利共生関係**（第７章）にある。

(4) 円石藻

海産の単細胞藻類で，細胞の表面に**炭酸カルシウム**の鱗片(りんぺん)（**円石**）を持つことが特徴。一部の種を除いて，貧栄養の外洋にプランクトンとして多く見られる。円石の形状や模様は，上述の珪藻の被殻の形態と同様に，種の同定のための規準として利用されている。円石は化石として堆積物中に残存するため，堆積物の年代の推定や，堆積時の環境の推定を行うための材料となる。円石の役目については，浮力調節，捕食に対する防御，炭酸ガスの調節など諸説がある。

(5) シアノバクテリア（藍藻）

真正細菌の一種で，**原核生物**である。したがって，藻類に含められないことも最近では多い。光合成により酸素を作る能力を持つほか，一部の種では**窒素固定**が可能である。光合成の色素として，クロロフィル a のほか，カロテノイド，フィコシアノビリンなどを持つが，色素の組み

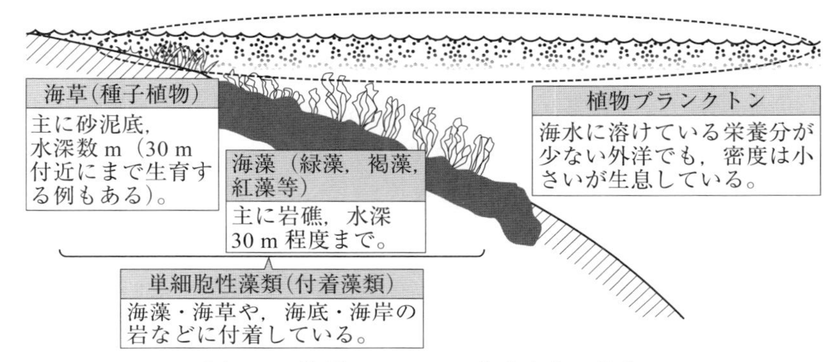

図 6-3　海洋における一次生産者の分布
海藻や海草の群落は動物の生息場所として重要な役割を果たすが，海洋における一次生産に占める割合が最も大きいのは植物プランクトンである。

合わせが異なる種もある。淡水，海水にプランクトン，あるいは付着生物として多産するほか，土壌など幅広い場所で生息する。富栄養化した湖沼では，ミクロキスティス，アナベナなどの属に分類されるシアノバクテリアが多量に発生して，**アオコ**を形成することがある。

このほか，赤潮の原因となる種を含む**ラフィド藻**，鞭毛を持つ藻類である**クリプト藻**などが，単細胞性の藻類として知られている。その中で，単細胞性の珪藻や渦鞭毛藻，円石藻，シアノバクテリアが，水域における主要な**一次生産者**である。多細胞性の褐藻は大型の藻体を持ち，海中でしばしば大面積の群落を形成する。海中に生育する種子植物（**海草**★4と呼ばれる）の**アマモ**なども，海中で群落を作る。こうした群落は，魚類や無脊椎動物，時には脊椎動物にとっての隠れ場所や産卵場所，採食場所として重要な役割を果たし，海中の森林とも形容される（**図 6-3**）。しかし，海洋全体における一次生産に占める割合では，上述の

★4 ――海藻と同じく「かいそう」と読むが，混同を避け「うみくさ」と読まれることもある。

珪藻や渦鞭毛藻には及ばない。海洋の一次生産全体のうち，珪藻によるものの割合は 40 %程度とされている。シアノバクテリアの中には細胞の径が 1 μm にも満たない小型のものもあるが，海洋ではこうした小型の種類も多量に生育して，一次生産の多くを担っていることが，最近明らかになっている。

海洋において珪藻や渦鞭毛藻など単細胞性の藻類が一次生産に大きく寄与しているのは，彼らが浮遊生活をしており，地球の表面の約 7 割を占める海洋のほぼ全域で，その**表層**部に生育しているからである。これに対して付着生活をする藻類は，光合成が可能な強さで太陽光が届く深さまでしか生育できず，沿岸のごく限られた範囲にしか分布しない。

陸水域（陸上での水域）は，2 つの点で海洋と状況が異なる。一つは大面積・大水深の水域の割合が少ないことである，このため，水域の中で付着性の藻類が生息できる部分の割合は，陸水域においては海洋におけるそれよりも高くなる。もう一つは，陸水域の多くを河川が占めているということである。河川では，通常は上流から下流へと常に水が流れているため，プランクトンは一箇所にとどまりにくい。流下して，最終的には，淡水性のプランクトンが生息しがたい海洋へと流れ込むため，河川において浮遊生活をしつつ長期にわたって個体群を維持し続けることは難しい。こうした理由で，陸水域，特に河川では，一次生産者としての付着藻類の重要性が高まる。

加えて，水深の浅いところで群落を作る**水生植物**（水底に根を下ろすか，水面を漂って生育する維管束植物；図 6-4）の重要性も高い。水生植物は，一次生産者としてだけでなく，水辺から浅い水中において，多くの動物にとっての生息場所を提供する役目も持つ。水生植物の中には水の汚れや富栄養化に対して脆弱な種類も多く，ミズキンバイやムジナモのように絶滅が懸念されている種もある。

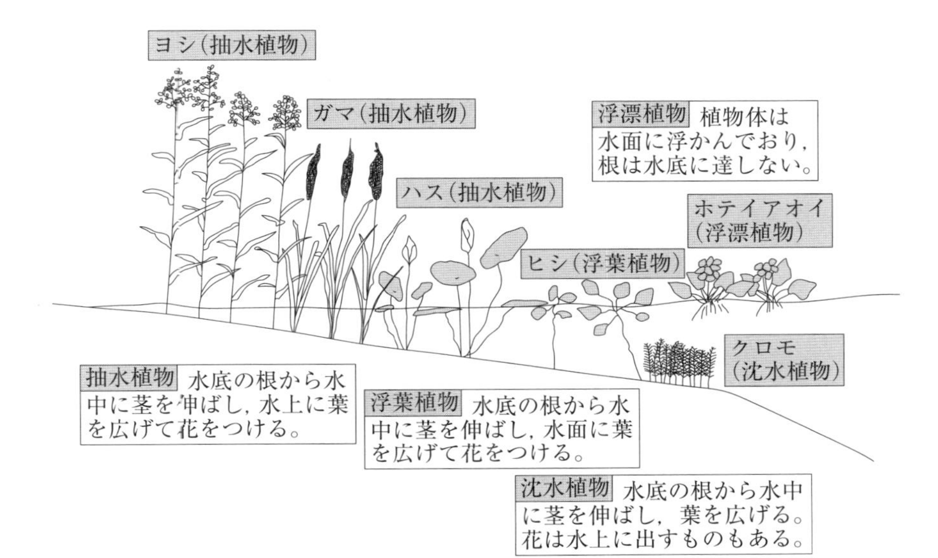

図 6-4　淡水の水生植物

生育の様相により，抽水植物，浮葉植物，沈水植物，浮漂植物に分けられる。

6.2　植物プランクトンの生活

水中や水面で浮遊生活する生物をまとめて，**プランクトン**と呼ぶ。先に述べた，海洋において一次生産の多くを担っている浮遊生活を送る単細胞性の藻類は，**植物プランクトン**と見なされる。

プランクトンは，大きさによってグループに分けられることがある。小さい方から，差し渡しが 2 μm 以下のプランクトンを**ピコプランクトン**★5，2〜20 μm のものを**ナノプランクトン**，20〜200 μm のものを**ミクロプランクトン**と呼ぶ。さらに大きなプランクトンもあり，ミクロプランクトンよりも大きく 2 cm までのものを**メソプランクトン**，20 cm までのものを**マクロプランクトン**，それ以上のものを**メガプランクトン**と

★ 5 —— 0.2 μm よりも小さいものをフェムトプランクトンとすることもある。

呼ぶ。大型のプランクトンには**動物プランクトン**が多く，例えば南極海に住むオキアミはマクロプランクトンであり，世界の海洋に見られるクラゲ類のうち大型の種類はメガプランクトンに分類される。

プランクトンには遊泳能力は全くないか，あってもごく弱く，海流に逆らって移動することはできない。また，多くのプランクトンの比重は1よりも大きい。プランクトンを含んでいる水を容器に入れて遠心分離器にかけると，容器の底にプランクトンが沈殿する。そのような生物が，なぜ浮遊生活することができるのだろうか。

プランクトンは，様々なやり方で，簡単には沈まないようになっている。最もわかりやすいのは，細胞内に気体や比重の小さな油を作って貯め，浮力をつける方法である。淡水域でアオコを形成するシアノバクテリアの中に，そのような性質を持つ種類があり，こうしたシアノバクテリアを含む水を容器に入れて遠心分離器にかけると，容器の水面にシアノバクテリアの層ができる。

体表面積を大きくして沈みにくくする種類もある。身体を小さくする，長いとげなどをつけて複雑な形状になる，多数の細胞がつながって細長い，あるいは複雑な形状の群体を作る，といったものが知られている。珪藻の中には，細胞の外側に粘液を放出し，細胞を沈みにくくさせるものもある。

細胞分裂を速めるのも，浮遊生活においては重要である。細胞が成長して大きくなると，体表の割合が相対的に小さくなって沈降しやすくなるので，そうなる前に細胞分裂を行い，数を増やす。

渦鞭毛藻や**ミドリムシ**は，鞭毛によってわずかながら動くことができる。海流に逆らうことはできないものの，沈降を遅らせる役には立っていると考えられる。

生態系における植物プランクトンの役割は，光合成による有機物の生産（一次生産）である。陸上の植物と同じだが，細胞が小さく，単位面積あたりの生物体の量も少ないため，陸上の植物と異なり，動物の生息空間を作る役割は持たない。

現存量（生物体の量）が少ないので，一次生産の量も少ないかというと，そういうことではない。陸上で植物の現存量が多いのは，有機物が長時間にわたって一次生産者の体を形作っているからである。例えば，樹木の幹は，数十年から数千年にわたってその形を維持し続ける。その間，有機物はそこに蓄積された状態になる。植物プランクトンは，1日に1回から数回，細胞分裂を行っている。生物体の更新が速いため，蓄積は少ないものの，一次生産量としては決して小さくない。両者の違いは，光合成を生物体の一部（植物の葉）の細胞のみで行っているか，ほぼ全ての細胞で行っているかにも対応している。陸上全体と海洋全体で，生物の現存量に大きな違いがあるにもかかわらず，一次生産量（厳密には，年間の**純一次生産量**★6）はほぼ同じであろうとする見方もある。

生産者である植物プランクトンが小さいことは，消費者の体サイズにも影響している。陸上では，一次生産者である植物を食べる**植食者**（**一次消費者**）には，昆虫など無脊椎動物や哺乳類など，肉眼で見える大きさを持つ動物が多い。一方，海洋において植物プランクトンを食べるのは動物プランクトンであり，肉眼では見えづらいほどに小さいものが多い。

6.3　付着藻類の生活

水中の石礫（せきれき）の表面には，付着藻類が群落を作って生息している。川の中の石を拾い上げると，ぬるぬるした褐色の**水垢**が付着していることがある。これは，付着藻類の群落の一形態である。これ以外に，緑色のマットのようになって石の表面を覆っていたり，明らかに糸状の群体が石の表面に付着していたりするのが，肉眼でわかる場合もある。

★6 ――光合成によって生産された有機物の量から，植物自身の呼吸により消費された有機物の量を引いた値。

第４章で説明したように，陸上の植生は時間の経過とともにその様相を変えていく。**植生遷移**である。付着藻類の群落も，時間の経過とともにその姿を変える（図 6-5）。以下その様子を，過去の観察事例（Hoagland ら，1982／Stock と Ward，1989／Planas ら，1989）に基づいて説明する。

表面に何も付着していない石礫あるいは岩が水中に落下すると，水の流れによって細菌や藻類がその表面に運ばれてくる。最初に表面に定着するのは**細菌**であり，細胞が増えてくると石の表面をフィルム状に覆う（図 6-5a）。

細菌に覆われた表面には，単細胞の藻類が定着するようになる（図 6-5b）。最初に定着するのは，平たい形状の細胞を持ち，細胞全体で表面に貼りつくようにして付着する種類で，珪藻類が多い。珪藻類は，細胞の外側に多糖類を主成分とする寒天状の物質ないし粘液を分泌するため，珪藻が多量に生育する石礫の表面はよくぬめる。同時に，こうした物質に表面を覆われた石礫には，より固着力が小さい種類が侵入し始める（図 6-5c）。細胞の端だけを石礫の表面にくっつけるようにして付着する種類で，しばしば一箇所に多数の細胞が付着して，ロゼット状になる。中には，付着した後に多糖類を分泌してこれが枝のように伸び，その先に細胞を維持するような種類もある（図 6-5d，図 6-6）。また，石礫の表面に付着した後に増殖して糸状の群体を作る種類もある。群体は一方の端だけが石礫に付着し，もう一方の端は表面から上方に延びていく。こうして，石礫の表面から上方に向かって藻類の群落が発達していく。

流れが緩い場所では，さらに，糸状あるいは帯状の群体を形成する種類が，群落に絡まって生育するようになる（図 6-5e）。この状態になると，石礫の表面に最初に付着した種類は徐々に数を減らしていく。一方で，糸状の群体に付着して生育する小型の種類も現れる（図 6-5f，

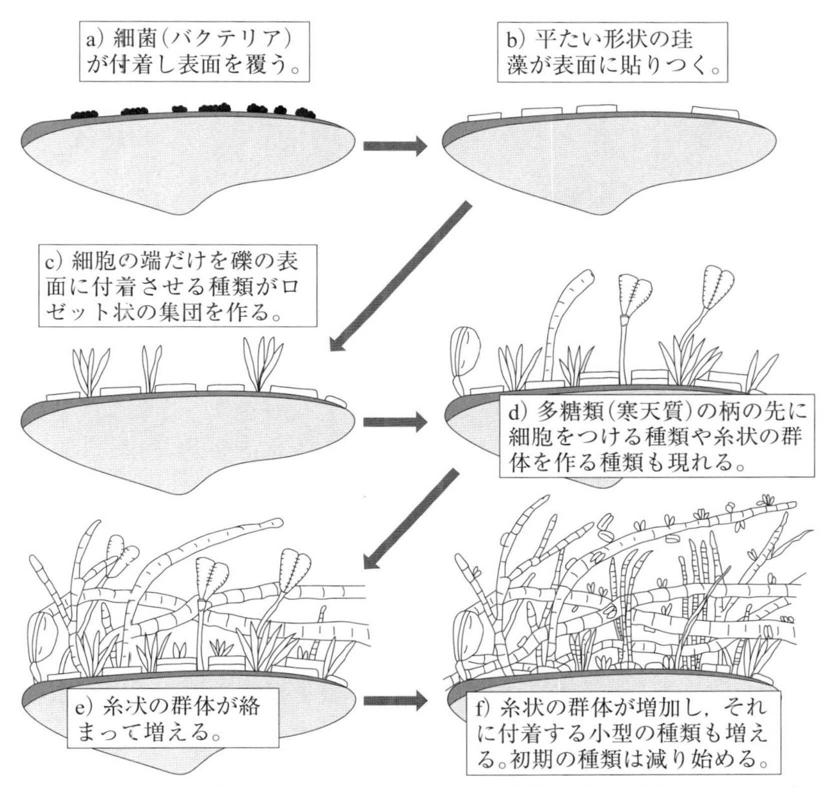

図 6-5　河川水中の礫上における付着藻類群集の発達パターンの一例

あくまで模式図であり，藻類の大きさを誇張して表現していることに注意。このようにして付着藻類群集が発達すると，それを利用する動物が藻類群集の表面あるいは内部に生息するようになる。海洋沿岸の岩や岸壁など安定した基盤上では，フジツボなどの付着性の動物も基盤上に定着して付着生物群集を構成する。

出典：Hoagland, K. D., et al., *American Journal of Botany*, 69, 188-213, 1982

Stock, M. S. & Ward, A. K., *Canadian Journal of Fisheries and Aquatic Sciences*, 46, 1874-1883, 1989

Planas, D., et al., *Canadian Journal of Fisheries and Aquatic Sciences*, 46, 827-835, 1989

を参考にして作成

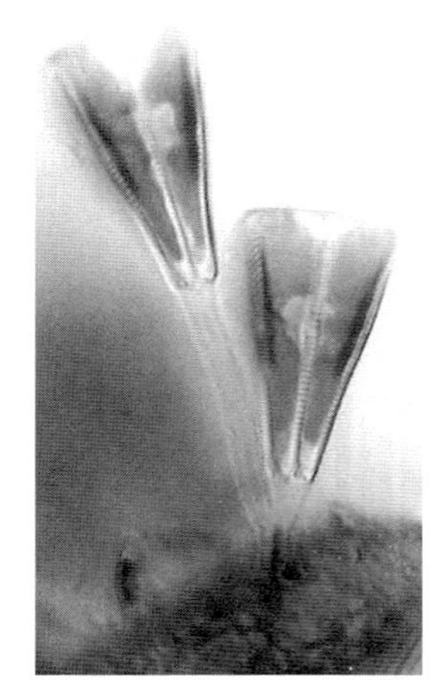

図 6-6　多糖類の枝の先に生育する珪藻類（クサビケイソウ属の一種）

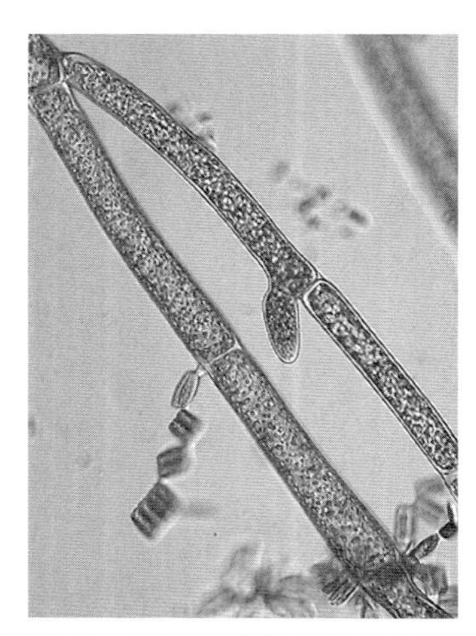

図 6-7　糸状の群体を作る大型の緑藻に小型の単細胞の藻類が付着する

図 6-7）。これが，河川における付着藻類の群集の発達過程における最終段階である。ここに至るまでに 1〜3 カ月を要するが，**水温**や水中の**栄養塩濃度**によって変化の速さは大きく異なる。

水中を押し流されてきた石礫が衝突したり，強い水の流れに洗われたり，あるいは強い流れに石礫自体が押し流されたりすることで，こうして発達した付着藻類の群集は，その一部，あるいは全体が剥離して流れ去る。その場合は，一連の系列の最初，あるいは途中から，再び同じ過程を繰り返す。ただし，種類によって石礫からはがれやすいものとそうでないものがある。はがれにくい種類は，ほかの種類の藻類が流れ去った後に素早く増殖して石礫の表面で優占できる。

底生無脊椎動物や魚類による摂食を受けた場合も，藻類が失われる。摂食する動物の種類によって，石礫の表面から付着物をほぼ根こそぎはぎ取って食べてしまうものもあれば，緩く付着したものだけを摂食するものもある。アユや多くの巻貝類は前者であり，カゲロウやトビケラの幼虫は後者に当たる。

流れのある河川や波が打ちつける海岸では，付着藻類が生育できるのは，石礫や水生植物，水中の倒木や杭，人工構造物など，流れや波浪に対してある程度安定しているものに限られる。流れの緩い河川や湖沼，池沼，干潟などでは，砂や泥の上に生育する付着藻類も存在する。

付着藻類や細菌などが形成する付着物は，水域において底生無脊椎動物や魚類の重要な食物となっている。鳥類のうちで小型のシギ・チドリ類も，干潟において砂や泥の粒の表面に形成された微生物の被膜（**バイオフィルム**）を食べていることが知られている。

以上に示したように，水中における一次生産者の種類や生活様式は，陸上のそれとは大きく異なる。しかし，群落が時間とともに変化して複雑な立体構造を発達させること，物理的な力や動物による摂食を受けて，この変化が逆戻りする場合があることは，陸上の植生の場合と共通である。

6.4　水中の分解者たち

陸上には，動植物の死骸（デトリタス）を出発点とする物質・エネルギーの流れがあり，腐食連鎖と呼ばれていることは**第５章**で述べた。海洋にも同じように，動植物の**死骸**や**排出物**を出発点とするエネルギーの流れがある。ここでもまた，**微生物**が重要な役割を果たしている。

海中での生物の死骸は，動物に食べられたり，**溶存態有機物**となって海水に混じったりするものを除いて，様々な大きさや形状の**懸濁物**となって海底へと沈んでいく★7。海中に生息する動物の排出物も同様である。水深の大きな海中でその様子を観察すると，白い粒子が雪のように降下していくのを認めることができ，それらはマリンスノーと呼ばれて

★７ ――鯨類の死骸のように巨大なものは，分解途中の状態で海底に到達し，そこに独特の生物群集を育むことがあり，鯨骨生物群集と呼ばれる。

いる。マリンスノーを形成する有機物は，もともと細かな粒子であった生物の死骸や排出物が凝集して大きな粒子となったものである。マリンスノーには，その有機物を利用する多くの微生物が生息する。海底に達したマリンスノーは，一部は細菌などにより利用され**分解**されるものの，残りはそのまま堆積し，**炭素を貯留**する役割を果たしている★8。

しかし，生物の死骸や分泌物，排出物などのかなりの部分は，深海底に沈降する以前に海水中あるいは浅海底の細菌によって分解されていると考えられている。この細菌を小型の動物プランクトンや海底の原生生物などが食べ，それをさらに大型の動物プランクトンや魚類が捕食する，という形の食物網が形成されていることが明らかにされている（**図6-8**）。大雑把に表現すれば，「太陽エネルギーと二酸化炭素→植物プランクトン→植物食の動物プランクトン→動物食の動物プランクトン→小型の魚類→大型の魚類」という形で生物が食べられていくという物質・エネルギーの流れに加えて，「プランクトンや他の生物の死骸や分泌物，排出物→細菌→細菌を食べる動物プランクトン（鞭毛虫や繊毛虫などの原生生物）→動物食の動物プランクトン」という，微生物が主体となる経路を経て，最初の流れに合流する別の流れ（**第５章**で述べた腐食連鎖；海洋のものについては**微生物食物連鎖**ともいう）があるということである★9。

一般に，食べる側の生物の生産（**二次生産**★10）量は，食べられる側の生物の生産量の１割に相当するとされる。この考え方に従えば，上述

★8 ――炭素を貯留する働きが大きく，炭素放出量よりも貯留量が多い場所のことをカーボンシンクと呼ぶ。海洋はカーボンシンクとして働くことが多いとされ，海水が二酸化炭素を吸収するだけでなく，生物による炭素固定も相当量に達すると考えられている。

★9 ――沿岸域では，海洋の生物の死骸に加えて，陸上から供給される有機物（自然の過程では主に，落葉など植物の枯死体，生物遺骸に由来するもの）から始まる流れも重要とされる。

★10 ――光合成や化学合成によって体を構成する物質を作り出す一次生産に対し，他の生物を食べてその有機物を利用することで自らの体を生産すること。

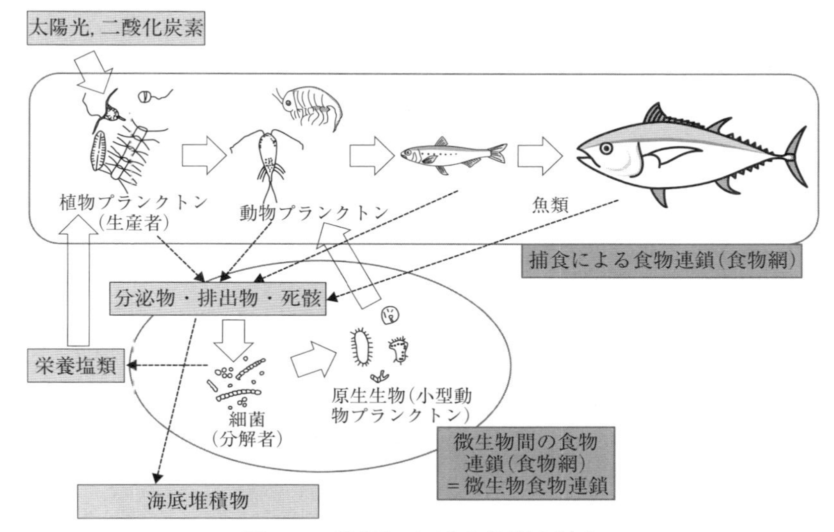

図 6-8　海洋における物質の流れ

太い矢印は捕食あるいは物質の利用を表す。点線は物質の排出あるいは変化を表す。海水中では，捕食を介した食物網（上段・長方形枠内）のほかに，微生物間の食物網（下段・楕円枠内）が機能している。

の最初の流れに沿って小型の魚類が 1 だけ生産されるためには，植物プランクトンが 1000 必要になる（3 段階を経るため，10 分の 1 の 3 乗で 1000 分の 1 となる）。生物の分泌物，排出物や死骸から細菌がどの程度生産されるか，また，細菌を食べる原生生物がどのようにしてより上位の捕食者に食べられていくかによっては，2 番目の流れも，最大で 1 番目の流れの半分程度は，魚の生産に寄与し得る★[11]。

第４章から本章までで，陸上および海洋における物質生産とそれを担う生産者の様子，さらに食物網や物質循環のあらましについて説明し

★ 11 ――植物プランクトンが生産した有機物の半分が細菌の生産に利用されると考える。植物プランクトンの生産量が 1000 であれば，細菌の生産量は 500，原生生物の生産量は 50，動物食の動物プランクトンの生産量は 5 となる（図 6-8 で，1 段階進むと生産量が 10 分の 1 になると考える）。これが小型の魚に直接食べられるなら，その生産量は 0.5 となり，1 番目の流れによる生産量の半分となる。

た。これらは，生物の生活を理解する上で基礎となる事項である。次の**第７章**からは，いわゆる環境条件としてあまり意識されることがない生物的環境や撹乱，および景観に関わる条件について解説する。

引用文献

- Hoagland, K. D., Roemer, S. C. & Rosowski, J. R., "Colonization and community structure of two periphyton assemblages, with emphasis on the diatoms (Bacillariophyceae)", *American Journal of Botany*, 69, 188-213, 1982
- Stock, M. S. & Ward, A. K., "Establishment of a bedrock epilithic community in a small stream: microbial (algal and bacterial) metabolism and physical structure", *Canadian Journal of Fisheries and Aquatic Sciences*, 46, 1874-1883, 1989
- Planas, D., Lapierre, L., Moreau, G. & Allard, M., "Structural organization and species composition of a lotic periphyton community in response to experimental acidification", *Canadian Journal of Fisheries and Aquatic Sciences*, 46, 827-835, 1989

参考文献

- 有賀祐勝，井上勲，田中次郎，横濱康繼，吉田忠生・編『藻類学　実験・実習』講談社サイエンティフィク，2000
- 石川依久子『人も環境も藻類から』裳華房，2002
- 滋賀県立衛生環境センター，一瀬諭，若林徹哉・監修『やさしい日本の淡水プランクトン　図解ハンドブック』合同出版，2005
- 永田俊「ミクロ生態系への招待―水の中に生きる小さな生命たちの働きと多様性」，『生物多様性科学のすすめ―生態学からのアプローチ』大串隆之・編，110-135，丸善，2003
- 深見公雄「従属栄養性鞭毛虫の細菌捕食とその生態学的役割」，『日本プランクトン学会報』，46(1)，50-59，1999

7　生物的環境

《目標＆ポイント》　生物にとっての環境を考える時，ともすれば，第 2 章で取り上げた気候や，第 3 章で取り上げた地形，あるいは第 10 章～第 12 章で触れる人間活動に由来する様々な悪影響を考えてしまいがちだ。現実には，生物はその周囲の他の生物と関わり合いながら生きている。個々の生物にとって，周囲に生息する他の生物もまた，環境を構成する重要な要素である。生物同士の関係は，その関わり合う生物にとって，有益であったり生存に不可欠であったりすることもあれば，有害な場合もある。本章では，生物とその周囲に生息する他の生物との関係に注目し，生物間の関係が生物の生存にどのような影響を及ぼしているかを紹介する。

《キーワード》　捕食者，種間競争，資源，共生，種子散布，生態系エンジニア

7.1　捕食者と被食者の関係

生物群集において，他の生物を食べる（**摂食**あるいは**捕食**★1），他の動物に食べられる（**被食**）という現象は，普遍的に見られる。食べることは，動物が生きていくために必要なエネルギーや栄養を得る手段となっていて，十分に食べることができなければ生きていくことができない。一方で，動物の個体が他の動物個体に食べられる（捕食される）場合，ほとんどの場合において食べられる側は死ぬ。植物の場合は死に至るまで食べられることは少ないが，食べられればそれだけ生きていく上で不利になる。このように生物の個体にとって，**捕食者**と**被食者**の関係

★1 ――捕食は，肉食動物が他の動物を食べることを指し，植物を食べる場合など食べる行動全般を指す場合には摂食あるいは採食という。ただし，摂食の意味で捕食の語を用いる場合もある。

は，きわめて重大なものと言える。

捕食者と被食者の関係は，生物群集やそれを構成する個体群の動向を規定する。生物群集を構成する動物のほとんどは，一方で他の生物を食べ，他方で別の動物に食べられる。この関係は**食物連鎖**と呼ばれる。植物から始まり，何段階かの動物を経て，捕食されることが稀である最上位の肉食動物（頂点捕食者，最上位捕食者ともいう）に至るつながりが想定される。実際には，ある動物が食べる動物や植物の種類は複数あり，捕食者と被食者の関係は複雑に分岐した網状により近い（図 7-1）。頂点捕食者も同じ場所に 1 種だけとは限らない★2。そこで今日では，生物群集における捕食者と被食者の関係の全体を表すために，食物連鎖ではなく**食物網**という言葉が使われる。

食べる側の動物種（捕食者）と食べられる側の動物種（被食者）のそれぞれにおける個体数の変化は，次のように生息条件を単純化した場合には，**ロトカ・ボルテラ（Lotka-Volterra）の方程式**で表現することができる。被食者は一定の速度で子を産む一方で，捕食者と出会う機会に比例して食べられて個体数を減らす。一方，捕食者は被食者と出会う機会が多いほど多くの食物を得て個体数を増やすが，食物が得られない時は一定の速度で個体数が減る。この方程式の振る舞いは，捕食者，被食者それぞれの個体数が最初どうであったか，すなわち**初期値**により異なる★3。捕食者が被食者を食い尽くした上で自らも食物がなくなり，全滅する場合もあるが，捕食者が増えると被食者が減り，それを受けて捕食者が減ると被食者が増える，という変化を繰り返す場合もある（図 7-2）。食う側も食われる側も，相手の個体数の変動に影響し得ること

★2 ――日本の伝統的な農業景観である里山においては，オオタカ，サシバ，ノスリの 3 種の猛禽（もうきん）類がしばしば共存している。これらはいずれも頂点捕食者と言える立場にあるが，利用する食物が種間で異なり，オオタカは鳥類，サシバは両生・爬（は）虫（ちゅう）類，ノスリは小型哺乳類をそれぞれ捕食する傾向がある。

★3 ――極端な例では，捕食者の個体数の初期値を 0 にすると，このモデルでは被食者は無限に増える。被食者の個体数の初期値を 0 にすると，捕食者の個体数もやがて 0 になる。

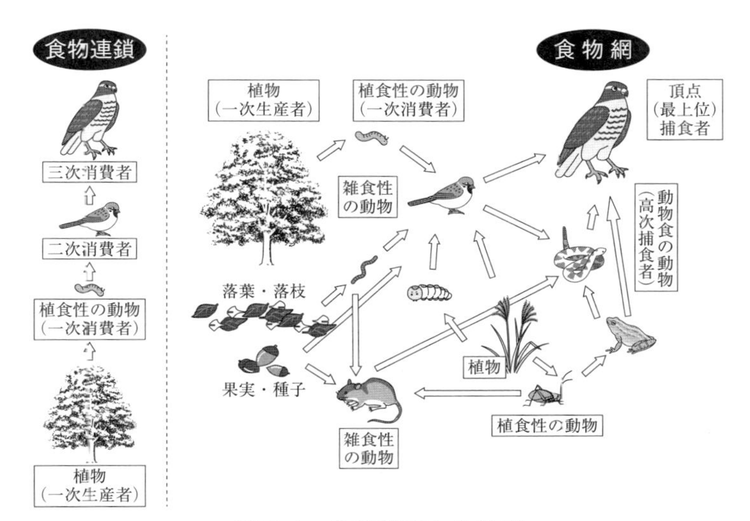

図 7-1　食物連鎖と食物網

生物同士の食う食われるの関係は 1 本の鎖のようなつながり（左図）ではなく，複雑に絡み合った網のような関係（右図）であることから，食物連鎖ではなく食物網と呼ぶことが一般的になった。なお，いずれの生物も，その排出物や死骸は，分解者と呼ばれる一群の生物によって食べられたり分解されたりする（図中のミミズは分解者に位置づけられる）。その過程で生じた分解産物は土壌中，水中，あるいは大気中に放出され（図には省略されている），一部は植物に吸収されて再び食物網を巡る。

を示している。

実際には，食べる側と食べられる側の個体数の変化がこのような形をとることは稀である。それには，大きく 2 つの理由がある。第一に，野外での捕食者と被食者の関係は，ロトカ・ボルテラの方程式が表すよりもはるかに複雑なことである。捕食者も被食者も 1 種ではなく★4，また捕食者をさらに食べる上位の捕食者もいる。さらに，捕食者の種間，被食者の種間での競争も発生する（競争については「**7.2　競争関係**」を

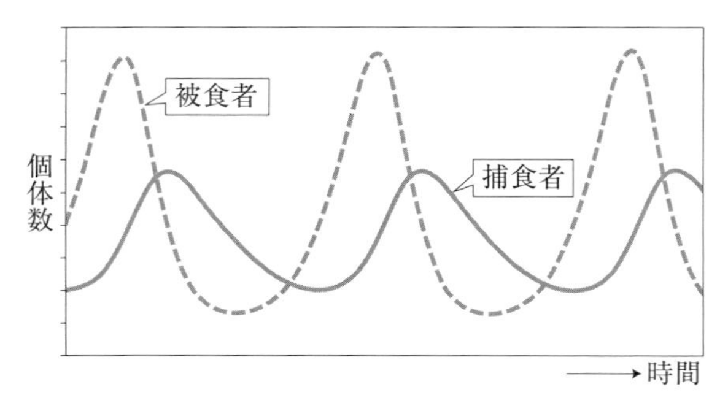

図 7-2　ロトカ・ボルテラ（Lotka-Volterra）の方程式に基づく捕食者と被食者の個体数変動の例
まず被食者が増え，それを食物とする捕食者が増えると被食者が食べられて減り，食物が少なくなった捕食者が減ると再び被食者が増える。この繰り返しが見られる場合がある。個体数は整数の値しかとらないため，計算上は個体数ではなく個体密度として扱うこともある。

参照）。被食者が食物不足など捕食以外の理由で減少することもある。野外での種間関係はロトカ・ボルテラの方程式が前提とするような単純なものではない。

関係を複雑にしているもう一つの理由は，捕食者も被食者も一箇所に集まっているわけではなく，ある程度の広さを持った土地や水域に散らばっていることである。このため，捕食者が被食者と遭遇するか，また，近くに居合わせたとしても発見できるかどうかが，捕食できるかどうかの可能性に影響する。被食者の個体が捕食者に遭遇することなく生き残ったり，捕食者が被食者を見つけられずに死んだり，他の場所に移動したりすることも起こり得る。

★4 ──ゲンジボタルの幼虫が地域によっては巻き貝の一種であるカワニナをもっぱら捕食するように，捕食者が特定の種の動物に食物の大半を依存する場合もあり得る。この場合も，カワニナはゲンジボタルにだけ捕食されているわけではなく，一部の魚類や甲殻類にも捕食されるため，ある特定種の捕食者に対して特定種の被食者が決まっているという単純な関係にはならない。また，カワニナ以外の巻き貝が生息している場合，ゲンジボタルがそちらを捕食することもある。

それでも動物にとって，食物となる生物が十分に確保できるか，あるいは，捕食されずに生き延びられるかどうかは，生息の可否を決める重要な要因となる。したがって，人為的環境改変により被食者が大きく減少すると，その捕食者にも影響が及び得る。日本で繁殖する猛禽（もうきん）類の一種であるサシバが今日個体数を減らしている原因の一つは，主要な食物であるカエル類の減少である可能性がある（**第 11 章**を参照）。また，人為的に導入された捕食者が活発に捕食を行うことで，食べられる側の種の個体数が大きく減少することもあり得る。例えば，日本国内のいくつかの湖沼に放流されたオオクチバスなど魚食性の外来魚が他の魚類を捕食することで，捕食された魚種の個体数が減った可能性が高いと考えられている。

7.2　競争関係

捕食者と被食者の関係と並んで重要な関係が，同じ資源を巡る**種間競争**である。ここでは，植物の間での光を巡る競争を例としてそれを説明する。

植物は**太陽光**を受けて光合成を行い，水と二酸化炭素から炭水化物（ブドウ糖）を合成して，自らの生存のためのエネルギーや，体を構成するための原料とする。より多くの炭水化物を合成するためには，より多くの太陽光が必要である[★5]。そのため，植物にとっての太陽光は，動物にとっての食物と同様に重要な**資源**と言える。ある土地に降り注ぐ太陽光の量は，その土地の緯度や地形，天候により決まってしまうため，限られた太陽光を巡って植物間で競争が生じる。

太陽光を巡る競争の基本は，他の植物よりも高い場所で，他の植物より広い範囲にいち早く枝葉を広げて太陽光を受け止めることである。結果として，成長が早い種の方が遅い種よりも競争では有利になる。これ

★ 5 ——太陽光が強すぎる場合，光合成はむしろ妨げられることがあるが（強光阻害），ほとんどの場合，光が不足することの方が植物の生存にとっては深刻であり，そのために光を巡っての競争が起こる。

に対して，他の植物の日陰（ひかげ）での弱光下でも光合成ができる生理的条件を備えることで生き残る植物種もある（そのような植物を陰生植物という）。

越年草や**冬緑性植物**（ヒガンバナなど）は，競争相手が少なくなる冬の間に葉を広げて光合成を行う。これは，冬の厳しい低温に耐える代わりに光獲得の競争を有利にするという生き方（**生活史**★6）と言える。**春植物**と呼ばれる植物は，落葉広葉樹がまだ葉を展開しない早春に，落葉広葉樹林の林床でいち早く葉を広げて光合成を行う。そしてこれらの植物は短期に開花，結実を済ませ，落葉広葉樹が葉を広げきる頃には1年のうちでの主要な活動を終えてしまう。**つる植物**は他の植物の葉上に覆い被さるように広がり，植物体を支える頑丈な幹や枝を作らずに済ませつつ光を確保する。**タケ**の仲間は，他の場所から地下茎を伸ばした先で地上部に芽を出し，そこで光を受けられなくても別の場所で得たエネルギーによって成長する（「**コラム11-2**」を参照）。これらは，競争を変則的なやり方でくぐり抜けて勝ち残ろうとする植物たちと言えよう。

さらには，他の植物の成長を阻害する化学物質を生産する植物もある。これは**アレロパシー**（**他感作用**）と呼ばれる現象である。外来の植物種であるセイタカアワダチソウが，ススキなどの在来の植物種を退けて草地で優占するようになったのは，アレロパシーが関係している可能性があると指摘されている★7。他にも，ニセアカシア★8やシナダレスズメ

★6 ——生物が生まれてから死ぬまでどのような生活をするか，ということ。他の生物を含む環境との関係や資源の利用の様式に注目して記述されることも多い。

★7 ——セイタカアワダチソウの根や地下茎から分泌される物質は，植物の種子の発芽を抑制する働きがある。最近になってセイタカアワダチソウは減少しつつあるが，その理由として，土壌中に蓄積されたアレロパシー物質がセイタカアワダチソウの種子の発芽をも抑制していることを挙げる見解がある。一方，アレロパシー物質の効果よりも，太陽光を巡る競争にセイタカアワダチソウが強いことが重要とする意見もある（服部，2011）。

★8 ——マメ科の落葉高木。山地における砂防用の植栽のために導入されたが，種子が斜面から河川へと移動して河川の水辺で多く発芽し，大きく茂ることで，在来の植物種との間で競争が強まっている。公園樹，街路樹などにも利用されている。

ガヤ★9をはじめとする多くの植物種で，アレロパシーの効果が認められている。

このように，植物は成長速度，生活史の展開，体の大きさや形態などいろいろな形で競争し，あるいは競争から逃れつつ，生存に必要な光を獲得しようとする。

もちろん，動物の種間でも資源を巡る競争は起こる。動物の間で争われる資源は，食物やそれを獲得するための空間，営巣のための空間などである。動物の個体にとって特に重要な空間は**テリトリー**（**なわばり**）として保持され，その中に侵入する他個体を排除しようとする（**第1章**を参照）。

植物が，他の植物の下で弱い光を利用したり，他の植物が葉を広げていない時に葉を広げたりして直接的な競争を回避するように，動物でも利用する資源の種類や大きさを変えたり，利用の仕方を変えたり，活動する時間帯や季節を違えたりすることで，競争を避けていると考えられる。資源が食物である場合は**食い分け**，生息のための空間である場合には**棲み分け**と称される。例えば，本来は同じ種類の食物を利用する2種が同じ場所に生息する時には，それらの種間で利用する食物のサイズや，食物を得る場所における違いが生じる★10。実験的に1種を除いてしまうと，残された1種はそれまで利用していなかった食物まで利用することがある。このように，資源を巡る種間の競争は生物の生態や行動，分布

★9 ――イネ科の多年生草本で，砂防工事や道路法面（のりめん）の緑化によく用いられる外来植物種である。特に河原での繁茂が目立ち，本種の繁茂により生育適地を奪われることが，カワラノギクやカワラニガナなど，河川水辺における在来植物が減少する主要な理由の一つとされる。

★10 ――その種が本来利用している資源の状態とは異なる状態で資源を利用するようになる場合もある。生物群集あるいは生態系において，それぞれの種が何をしているか（何を食べ，何に食べられ，どのような空間を利用するか，など）を**生態的地位**（**ニッチ**）と呼ぶが，ある種にとってのニッチが変化することで，他種との間の競争が緩和される場合がある。そのようなニッチの変化のことを**ニッチシフト**と呼ぶ。

に影響を与えており，群集生態学における研究課題となっている★[11]。

7.3 相利共生関係

捕食や競争以外にも，生物の種間の関係には様々なものが存在する。その関係のあり方は，関わっている種にとっての利害の状況に基づき，**表 7-1** のようにまとめることができる。ここではその中から**相利共生**について，花粉の運搬（**送粉**）と，種子の運搬（**種子散布**）を題材にして紹介する。

送粉は，植物と動物（特に昆虫）の**相利共生**の例とされる。動物は花粉を媒介して植物の繁殖を助け，植物は花から動物に食物（蜜や花粉）を提供するので，どちらにも利益がある。花弁は種々の色彩や形態をしており，動物を惹きつける役割を果たしている。

もっとも，植物にも動物にも，自分は利益を受けつつ相手のためには働かないように振る舞う種がある。花粉を動物に媒介させる植物の花は，蜜を得ようとする動物の体に花粉を付けてしまう構造を持つことが普通である。動物の中にはこうした花からも，花粉を身に付けずに蜜を確保（**盗蜜**（とうみつ））する種がある。チョウ目の昆虫は長い口吻（こうふん）を持ち，花の基部から直接蜜を吸うことができる。その際に花粉を運ぶこともあるが，運ばずに蜜だけとっていく場合もある。クマバチは花の基部に穴を空けて，そこから蜜をとる（**穿孔盗蜜**（せんこうとうみつ））★[12]。植物の側にも，サトイモ科のマムシグサの仲間のように，動物の好むにおいだけを周囲に放って動物をおびき寄せ，何も与えずに花粉だけを運ばせるものがいる。ランの仲間の植物の中には，ハチの雌に似た形態をした花弁をつけていて，雄が飛来し，間違えて交尾行動をしようとすると，雄の体に花粉を付けてしまう，

★ 11 ――外部から中・大型の植食動物が侵入した場所では，それまでいた昆虫など小型の植食動物が食物を失って個体数を減少させることもある。

★ 12 ――クマバチも全ての花に対して穿孔盗蜜するわけではない。マメ科植物のフジなど，クマバチに花粉を運ばせる仕組みを備えているもの（クマバチ媒花）も存在する。

表7-1　利益，不利益の観点から2種間の関係を整理する

関係の分類	種1の利害	種2の利害	補足
相利共生	利益	利益	盗蜜のように一方の種だけが利益を得る行動が生じると，寄生に転じ得る。
片利共生	利益	中立	
片害共生	中立	損害	
寄生	利益（寄生者）	損害（宿主）	ここまでの4区分が（広義の）共生とされる。
捕食	利益（捕食者）	損害（被食者）	捕食者が被食者を食物資源として利用する。寄生バチのように，宿主にしばらく寄生した後にそれを捕食する関係（捕食寄生）もある。
競争	利益（勝者）	不利益（敗者）	同じ資源を同様の方式で利用しようとする種間で起こる。利用する資源の種類を違える，利用の仕方を変えることなどによって競争を回避することもある。

というものもある。これらの場合は**片利共生**と考えられる。あるいは利益を得られない側に生じる労力などのコストを不利益と見なし，広い意味での寄生と捉えることも可能である。

蜜や花粉を食物とする動物の個々の種は，どの種類の虫媒花でも訪れるわけではない。特定の種の植物の花だけを利用するものもある。細長い花筒を持つ花をつける植物は，吸蜜のための細長い管を持つ動物以外はその蜜を利用することができない。夜行性の動物が利用できる花は，夜の間開花しているものに限られる。開花の季節や時間帯，あるいは花の形態によって利用できる動物が決まってくると，植物にとってはその

動物がいないと受粉ができず，動物にとってはその植物がないと食物が足りなくなる，という相互への依存が発生する。

第５章で述べたように，一部の植物は動物を介して種子を広範囲に散布する。ここでも，植物は種子を運んでもらい，動物は種子の周囲にある果肉を食物として利用する，という相利共生の関係が成り立っているように見える。実際には，果実を食物として利用しつつ，種子も破砕して食べてしまう鳥もおり，この場合には鳥だけが一方的に利益を得る。

ドングリと呼ばれる堅果を実らせるシイやカシ，ナラの仲間も，動物が果実を食べるだけで植物側には特に利益がないように見える。しかし，実際には，ドングリを実らせる植物の側にも利があると考えられる。ドングリを食物とする動物の中には，一度に食べきれないドングリを土に埋めるなどして保存しておき，後で掘り出して食べる，という貯食の習性を持つものがいるためである。リスやネズミなど齧歯（げっし）類や，ヤマガラなど一部の鳥類がこれに当たる。埋められたもの全てが後で食べられるのではなく，一部は食べられないまま残る。残されたドングリが発芽することで，母樹から離れた場所に実生が根づくことができる。このような場合も，その関係は相利共生と見なすことができる。

なお，ドングリを実らせる樹木の場合，**豊作**と**不作**の年の違いが明瞭であるとされるものが多い。不作の年には食物が少なくなって，ドングリを食べる動物の個体数は抑制される。また，豊作の年に実るドングリは動物が食べきれない量となり，食べ残されやすくなる効果もあると考えられる。

7.4　寄生，片利共生，片害共生

2種の生物の間で，一方が他方を一方的に搾取する関係にあることがある。このような関係を**寄生**という。例えば，**寄生植物**は，寄生する相手の植物（**宿主**）から栄養分や水分を横取りするが，宿主には害をなすのみで何の利益も与えない。人間の消化管内に住む回虫やサナダムシは，消化管内の未消化物を食物として利用し，消化管内に住むことで外敵がほぼいない。人体に益はなく，栄養分を奪われるほかに，物理的・化学的に損傷を受けることもあるため，これらも寄生生物とされる。

シロアリの消化管の中にも，鞭毛虫（べんもう）などの多様な原生生物が生息する。これらの原生生物は上述の回虫のような寄生者ではなく，シロアリと相利共生の関係にある。これらの原生生物はセルロース分解能力を持っており，シロアリから安全な生息場所とセルロースを含む食物を提供される代わりに，シロアリがセルロースを消化吸収するのを助ける。このように，2種の生物の間の関係が寄生であるか否かは，生物の生活様式ではなく，それぞれの種が相手からどのような益や害を受けるかで決まる。

鳥の中には，自ら子育てをせず，他種の鳥の巣の中に産卵して，その巣の持ち主に子育てをさせるものがある。このような習性を**托卵**（たくらん）という。カッコウがオオヨシキリやモズなどの巣に，ホトトギスがウグイスなどの巣に托卵することはよく知られている。托卵された側の巣では，本来の卵やそこからかえった雛（ひな）が，よそから来た個体によって産み落とされた卵からかえった雛により，巣から出されたり，殺されたりすることもある。托卵される側には何の利益もなく，一方的に害を被る。これも種間関係の観点からは，広い意味での寄生と言える。

淡水魚のタナゴは二枚貝の殻の内側に産卵し，他の魚から卵が捕食されるのを防ぐ。タナゴにとっての利益は大きいが，貝に利益はない。寄生の一例とされることもあるが，貝の側に利益だけでなく害もなければ，**片利共生**に分類される。人間の体表には多くの小動物（主にダニ類）が生息する。それらの動物は，人間の老廃物を摂取し，また安全な住み場所を確保するという利益を得ているが，人間には目立った害はなく，利益もない。これも，片利共生に位置づけられよう。厳密には，不利益はあるものの非常に小さいだけである可能性もある。

一方の種にとっては不利益だけれど，他方の種にとっては中立的な関係を，**片害共生**と位置づける。ただ実際には，明らかに片害共生であると見なせる関係はほとんどなく，不利益を被らない側の種には何らかの利益が生じていることが普通である。

7.5　植物が生息場所を作る

種間関係は，ここまで述べてきたように一種対一種の関係ばかりではない。ある一つの種の存在や行動が，他の多くの種の生息に直接的な影響を及ぼす場合もある。

第５章で触れたように，植物は動物に対して，食物だけでなく生息のための空間も提供している。例えば，巣や塒（ねぐら）をとるための場所，食物を探す場所，捕食者から身を隠すための場所などである。熱帯雨林には樹上で生活する哺乳類が多いが，彼らが樹木から別の樹木へと移動する際には，複数の樹冠にまたがって繁茂しているつる植物が移動路となる。水中でも，ヨシやハスなどの**抽水植物**やスイレンなどの**浮葉植物**，フサモなどの**沈水植物**が作り出す，植物体が複雑に込み入った空間は，小型の魚類や無脊椎動物の生息場所として機能する。熱帯域の河口付近では，**マングローブ**が魚類や無脊椎動物の生息場所を形成する（第１２章）。

植物が他の植物にとっての生育場所を作る作用もある。熱帯雨林や温帯多雨林，あるいは熱帯・亜熱帯の山地に成立する**雲霧林**★13 では，樹木の幹や枝に多くの**着生植物**が生育する。蘚苔類，地衣類，シダ植物の

★13 ――湿度が高い地域に山岳があり，その麓から山頂に向けて吹き上げる風が日常的に吹いている場合，上昇気流によって容易に雲や霧が発生する（第３章を参照）ため，湿度は非常に高い。日照が少ないため，低地の林と比べると樹高は低い。

ほか，ラン科の維管束植物などもこのような着生生活を行う。土壌中に根を下ろす植物のように土壌中の水分を利用することができない代わりに，自ら幹を高く伸ばさなくとも林内の上部で生育して光を受けることができる。湿度がきわめて高いところに適した生態と言える。

乾燥地域では，大型の灌木（かんぼく）やサボテンの周囲に，小型の多年生草本が固まって生育する現象が見られる。中心にある大型の植物が，周囲に生育する小型の植物を守っているような状況であるため，中心にある植物のことを**看護植物**（**ナースプラント**）と呼ぶ。中心の大型の植物が，乾燥地における強い日差しを遮って日陰を作り，そこでの水分蒸発を抑制する，大型の植物の周囲に大型の植物から**落葉・落枝**が供給され，あるいは大型の植物の根の周りで小動物や微生物の活動が活発になって**土壌**の形成が促される，といった形で，周囲に生育する小型の植物の生育に良い影響を与えると考えられている。また，中心にある大型の植物に果実食の動物がやってきて，糞（ふん）をして種子を散布する，風や水により移動してきた種子が大型の植物の周りにできた吹きだまりに堆積する，という過程により種子が集まって発芽し，植生が形成される，という側面もある。

7.6　動物が生息場所を作る—生態系エンジニア

第5章で触れた**樹洞**（じゅどう）**営巣性**の動物のうち，自分で**樹洞**を掘ることができる動物はキツツキの仲間の鳥類などごくわずかである。一方で樹洞営巣性の動物は，フクロウやムクドリ，シジュウカラなど，自分で樹洞を作らない鳥類だけでなく，リスやムササビなどの哺乳類など数が多い。そのため，樹洞の供給の多少によって営巣場所が不足することが起こり得る★[14]。樹洞を作るキツツキの仲間のように，多くの生物種の生息に必要な空間を作り出したり，逆に生息に不向きに空間を変えてしまったりする生物のことを，**生態系エンジニア**と呼ぶ。動物だけでなく，前節で紹介した他の植物の生育場所を作る植物や，**第５章**で述べた他の動物のための生息場所を作る植物まで，生態系エンジニアに含める場合もある。

生態系エンジニアとなる動物としては，北米に生息する**ビーバー**の仲間が著名である。歯で樹木の根際（ねぎわ）をかじって樹木を倒し，流れをせき止めてダム湖のようにしてしまう。自身は，このダム湖のような湖の中に島を作ってそこに営巣する。陸上の捕食者の多くは湖の中にはやってこないため，捕食される機会を減らすことができる。さらに，ビーバーは泳ぎが得意だが，地上歩行は不得手なので，捕食者から逃れやすいように水域の近くでもっぱら行動する。ダム湖を作ることで，食物を得る範囲を広げることもできる。このように，ダムを造ること自体はビーバー自身のためなのだが，堤の長さが時には数百 m にもなるダムによって作られる湖は，多くの水生生物の生息場所となり，その場所の生物群集のあり方を大きく変える。

なお，地球上において影響力が最も大きい生態系エンジニアは，人間である。

引用文献

・服部保『環境と植生 30 講』朝倉書店，2011

★ 14 ――シロアリなど食材性の動物や菌類の働きで立木の中に空洞が生じ，樹洞が自然にできることもある。リスは，樹洞がなくても木の枝葉を集めて球状の巣（球巣）を作って繁殖できる。スズメやムクドリなど，自然の樹洞の代わりに人為的な構造物の隙間などを樹洞に見立てて営巣する鳥もいる。したがって，キツツキが樹洞を掘らないと樹洞営巣性の動物が全く営巣できなくなる，というわけではない。

参考文献

・伊藤嘉昭，山村則男，嶋田正和『動物生態学』蒼樹書房，1992
・日本生態学会・編『生態学入門　第 2 版』東京化学同人，2012
・松本忠夫『動物の生態』裳華房，2015
・鷲谷いづみ・著，後藤章・絵『絵でわかる生態系のしくみ』講談社，2008
・鷲谷いづみ『タネはどこからきたか？』山と渓谷社，2002

8 生態系における撹乱

《目標&ポイント》 生物の中には，生物群集に大きな影響を与える変化（撹乱）が高い頻度で生じる場所を選好するように見える種類がある。撹乱依存種とされる植物がそうであるほか，動物の中にもそのような種類がある。増水に伴う裸地化とその後の植生再生を繰り返す河川の水辺は，高い頻度で撹乱が起こる代表的な場所である。河川における流量調節が進んだ結果，河川の水辺での撹乱が起こりにくくなり，水辺の植物群落に変化が起こり，さらには裸地を好む動物にも影響が出ている。なぜこのようなことが起こるのだろうか。本章では，撹乱とその背景にある生物種間の競争について紹介する。

《キーワード》 撹乱，中規模撹乱説，河川の水辺，植生遷移，種間競争

8.1 生態系における撹乱

野外の生物やその生息場所を**保護**あるいは**保全**★1 しようとする時，対象に一切人手を加えずに管理するべきだと思うことはないだろうか。そのような管理が望ましい場合もあるが，そうではないこともある。生物の中には，その生息場所における生物群集が外部からの干渉を受け，

★1 ――生物やその生息場所を守るという意味で，保護，保全，**保存**といった言葉が使われるが，これらは厳密には異なる意味を持っている。保護は，人間による影響を排除することに重点を置く考え方で，本文にある，「一切人手を加えずに管理する」ことに相当する。ただ，対象となる生物や生息場所を救うための直接的な措置（危険な状況にある個体を一時的に飼育下に置く，など）は許容され得る。保全では，人間が関わりながら目的を達成することに重点が置かれる。保存は，ある対象を長期にわたって維持することに重点を置いた表現である。したがって，場合によっては「冷凍保存」「種子による保存」など，自然条件下では実現が困難な状況を作り出すという手段がとられることもある。

部分的に，あるいは大規模に破壊されて多くの生物が失われた後に生じる，いわば生物の生息の空白の場所を利用して生きるものがある。

このように，ある場所から生物体が除去され，生息する生物がほぼいなくなるか，あるいは大幅に減少して，そこに新たに生物が定着することが可能になる変化のことを，**撹乱**と呼ぶ。単に生物がいなくなるだけではなく，今まで生息していた生物が占めていた空間が解放される結果，他の生物もそこを利用できるようになることが重要である。**第７章**で紹介した生物間の競争，特に植物間の光を巡る競争（枝葉をより高く，より広い範囲に広げていく競争）が一度リセットされ，空間を巡る新たな競争が始まる状態になること，と考えることができる。

自然の働きによる具体的な撹乱としては，河川の**増水**に伴う河川水辺の植生の流出，**野火**（山火事）による植生の焼失，落雷や強風に伴う森林内の倒木，強い波浪や水流による水中の付着生物の剥離などがある。人為的な撹乱としては，同じ場所での森林の再生を前提とした伐採，草地としての利用を前提とした野焼きや，放牧，草刈りなどを挙げることができる。なお，森林や草地であった場所を住宅地や農耕地などとして人間が利用するために伐採や火入れなどを行う場合は，新たな生物が定着できる状態にはならないため，撹乱とは見なされない。そのような場合は土地改変，あるいは生息場所そのものの消失と捉える。

8.2　撹乱と植生遷移

撹乱が起こると，その場所にあった植物群落は大きく損なわれ，時には**裸地化**してしまう。**第４章**で取り上げた植生遷移の観点からは，撹乱には，そこに生育していた植物体を破壊し除去することで，**植生遷移**をより初期の段階に押し戻す作用がある。また，植生が遷移して**極相**に到達するのに要する時間よりも短い間隔で，同じ場所で撹乱が反復される場合には，その場所の植生を**遷移系列**の中途の段階までにとどめる働きをする。

強い撹乱が起こり，地上部の植物体がすっかり失われた場合でも，地下部の植物体（地下茎や根）や，土に埋もれていた種子などは残存していることがある。撹乱後には，これら地下部の植物体や種子などが発芽して生じる植物が，まず植物群落を形成する。撹乱の後に進行する植生のこのような変化は，**第４章**で述べた**二次遷移**として捉えられる。

森林内で，強風により高木が倒れた状況を考える（図 8-1）。高木が生えていた場所では，高木の樹冠が失われたことで**樹冠ギャップ**が形成され，ギャップ内では丈のより低い植物にも光が当たるようになる。高木の樹冠により物理的にふさがれていた上方の空間も開けるため，亜高木あるいは低木の状態で生育していた植物にとっては，伸長するための好機となる。高木林の中では，亜高木より丈の低い植物が受けることができる太陽光には限りがある。そのため，亜高木や低木の多くは，弱い光の下でも成長が可能な陰樹である。倒れた高木が陽樹であった場合は，高い確率で陰樹に置き換わることになり，陽樹林から陰樹林への植生遷移が進行していく。

森林内で高木が倒れると，地表付近にも太陽光が届くようになる。日照を受けて地表付近での温度条件にも変化が生じ，日中に温度が上昇しやすくなり，さらに，1 日の中での温度変化の幅が大きくなる。このような光や温度の刺激を受けて，土壌中に埋もれていた種子が発芽することがある。植生遷移の初期に見られる植物種（**先駆植物**または**パイオニア植物**）には，種子として地中で発芽の機会をうかがい，ギャップが形成されたことを示す光や温度の変化に反応して発芽する，という性質を持つものが多い。この場合，高木が倒れてできたギャップは，一時的に陽地を好む草本植物や落葉低木，落葉高木の生育場所となるが，徐々に

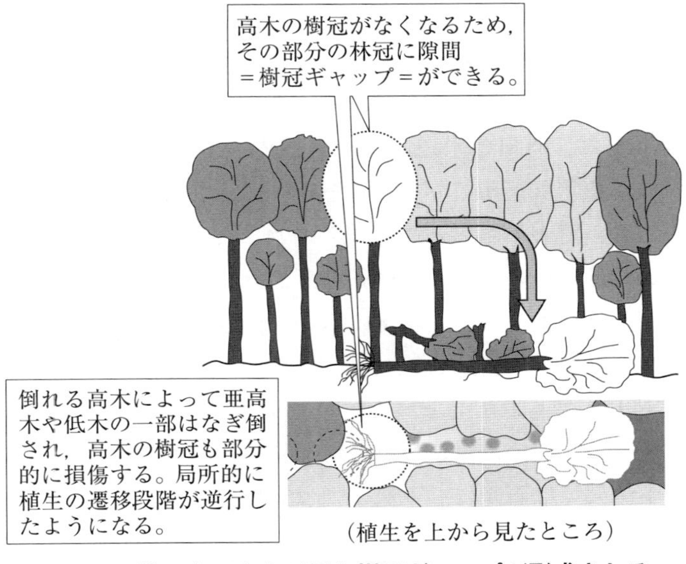

図 8-1　林の中で高木が倒れ樹冠ギャップが形成される

植生遷移が進行して，いずれはその土地の極相林へと変化する。

このように，高木林における倒木は，**局所的な撹乱**となって植生遷移の段階をより初期の状態に戻す働きがある。局所的な撹乱が不規則に，かつ全域を通じて起こることで，森林全体が揃って老化してしまうことを免れていると考えられる。また，植生遷移の段階が異なる部分が森林内に生じることで，植物はもちろん動物の種多様性を高めるとともに，植生遷移の初期の段階の植物種や，そのような植生や植物種に依存する動物種が生き続けられる結果となっている。

8.3　河川水辺での撹乱

林の中で局所的にパッチ状に起こる撹乱がある一方で，一度に広い範囲の植物を根こそぎはぎ取ってしまうような撹乱もある。代表的なものが，河川の増水時にその水辺で起こる植生の流出である。

自然の河川は，集水域に多量の降水があった場合にその水が流れ込むことで増水する。河川の水辺には，**第３章**で紹介したように**微地形**に応じて多様な植物群落が成立しているが，河川の水面からの高さ（**比高**）と流路からの距離が小さいところから増水による影響を受ける。水流の勢いが弱い時は，植物体が水につかる，流れに押されて茎が倒れる，といった程度で済むが，流量が増えて水の力が強くなると[★2]，植物や植物が生えていた場所の土砂が流されたり，逆に上流から運ばれてきた土砂[★3]が堆積して埋もれてしまうといった大きな変化を受ける。

増水の後，水が引いた後に現れる河原には植生がほとんど残っておらず，上・中流部では石礫（せきれき）に，下流部では土砂に覆われた裸地になっていることが多い。また，増水の前後で流路が変わっていたり，微地形が変化していたりすることもある。それまであった植生に対して破壊的な効果をもたらす増水であるが，一方で増水が時折生じることで，生き続けることができる植物もある。このような植物の中で，日本における代表的な種類として，**カワラノギク**や**カワラニガナ**を挙げることができる。

両種は，河川の中流部に形成される**礫河原**（**丸石河原**，**図 8-2**）に特徴的な植物として知られる。礫河原は，増水により植生が流されたり，上流から流されてきた礫が新たに堆積したりすることで形成される。初めは無植生であるが，次の増水までの間に徐々に植生に覆われていく。こうした礫河原でいち早く発芽して成長し，他の植物が繁茂するまでにある程度の大きさに育って，開花結実に至る植物がある。カワラノギクやカワラニガナはその例である。

人間が河川の形状に手を加え，また河川の流量を調節する以前は，増

★2 ――そのような時には，水は多量の土砂や石礫（せきれき）などを押し流しながら流下するので，これら土砂や石礫も植物を傷つけ，押し流す。

★3 ――土砂の中には植物の種子も含まれており，堆積した場所の状況によってはそこで発芽する。

図 8-2　礫河原（丸石河原）の例
所々に植物が生え始めている。

水が頻繁に起こり，また流路（澪筋（みおすじ））が固定されていなかったため，広い範囲に礫河原が形成された。今日ではダムによる**流量調節**が行われるため，増水が起こりにくい。また，増水が起こった場合でも，低水**護岸**により流路はほぼ固定されているため，植生の破壊や新たな礫河原の形成が起こる部位は限定される（図 8-3）。貯水ダムや砂防ダム，砂防堰堤（えんてい）によって土砂や砂礫が上流から下流に移動しにくくなり，増水の後に堆積する礫の量も減少している。これらの結果，礫河原を生育場所とする植物は生育場所を大きく狭められ，個体群の減少や個々の個体群の衰退を招いている。こうした植物を保全するため，掘削による裸地の造成や草刈り，播種などの積極的な植生管理による保全が試みられている。

砂礫に覆われた河原を好適な生息場所とするのは，礫河原に特徴的な植物だけではない。動物にも，そのような河原を好んで生息する種類がある。例えば，河川の水辺に生息するシギ・チドリの仲間の中には，コチドリやイカルチドリなど，砂礫地を営巣場所とする種がある。こうし

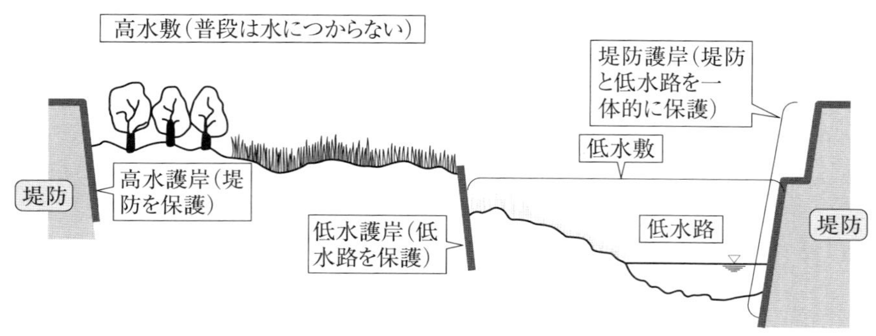

図 8-3　低水護岸による流路の固定化
低水路（増水していない状態＝平水時＝の流路）は，増水により移動することがあっても，低水護岸・堤防護岸の間に制約される。低水敷（ていすいしき）が全て水路になっていることも多い。

た鳥類は，砂礫であった場所が植生に覆われてくると，営巣場所を確保できなくなってしまう。日本の河川の下流域や海岸では，砂礫に覆われた河原や砂浜★4 でコアジサシが繁殖する。この種も，植生が密に繁茂した場所では繁殖しない。

河川の増水は，水辺だけでなく水中の生物群集を維持するためにも必要であると考えられている。**第６章**で説明したように，水中の石礫等に付着している藻類は，陸上の植物とは形態こそ異なるものの，同様に立体的な構造を持った群落を形成する。群落形成の開始からある程度時間が経過すると，糸状ないし帯状の群体を作る**緑藻**が優占し，初期に優占していた一部の**シアノバクテリア**（**藍藻**）や**珪藻**は，緑藻の群体に覆われ，その構成比を減らしていく。河川中流域で釣り人の関心の高い魚種であるアユは付着藻類を食物とするが，中でもシアノバクテリアの一種であるビロウドランソウ *Homoeothrix janthina* や珪藻を好む。緑藻の繁茂によって，アユの食物としての付着藻類の価値は減少すると考えら

★4 ――埋め立て地や造成地といった人為的に形成された裸地で繁殖するコアジサシが，近年増えている。また，コアジサシの営巣地を人間が用意し，そこで繁殖させようという試みも進められている。

れている。

また，粒の細かな堆積物が徐々に堆積して付着藻類群落を覆うとともに，底生無脊椎動物のすみかとなる石礫の間隙（**第12章**を参照）を埋める。結果として，底生無脊椎動物の種類が変化し，ユスリカの幼虫など細粒の堆積物の中に潜って生活する種類が増え，カゲロウやトビケラなどの幼虫は減る。

この問題を解消するため，貯水ダムから意図的に通常よりも多量に放水するなどして，一時的な流量の増大を人為的に引き起こすことが試みられている。付着藻類の剥離と再生を促し，また堆積物の状況を変化させる効果があることが認められている。治水や利水とどのように折り合いをつけていくかが課題となるが，**フラッシュ放流**として各地のダムで実施されている。

放水の量を増やすことで，先に述べた河川の水辺の植物や動物の生息環境を改善できる可能性もあるが，水生生物に効果をもたらすよりもはるかに多量の放水が必要である。アメリカ合衆国コロラド川での実験的放流は著名で（Valdez ら，2001），スイスでも実験がなされている（Robinson と Uehlinger，2003）。一定の効果は示すものの，流量が少なければ効果は十分ではなく，また一度きりだと，時間の経過とともに元の状態に戻ってしまう問題も指摘されている。

8.4　そのほかの撹乱

自然界では，野火による大面積に及ぶ植生の焼失をまず挙げることができる。乾燥地ではそれほど珍しい現象ではない。

乾燥地に生育するマメ科のアカシアの仲間の中には，野火の高温を受けないと，種子が発芽できる状態★5 にならない種類がある。オーストラリア東部から南東部にかけての海岸沿いに生育する *Acacia suaveolens*

は，樹高が最大でも 3 m あまりの低木であるが，その種子は 60〜80 ℃の高温にさらされないと発芽しない。生育場所における野火の際には，火の強さにもよるが，地表面下 1〜4 cm の場所に埋まっている種子がこの温度にさらされて，発芽可能な状態になる（Auld, 1986）。

野火があると，それまで地上にあった植物体は焼き払われ，地中で生き残った種子や地下茎から発芽した植物が生育を開始する。このアカシアはそうした状況で成長し，素早く開花結実するが，他の植物が繁茂する頃には枯れてしまう。野火がないと，本種のような生態を持った植物種は個体群を維持し続けることができない。先ほどのカワラノギクやカワラニガナも含め，撹乱があることが個体群の存続に不可欠な植物種のことを撹乱依存種と呼んでいる（コラム 8-1）。

なお，このような植物種があることが端的に示すように，野火は，同じ場所で長時間燃え続けない限り，地下にある種子や地下茎などには必ずしも致命的ではない。そこで，主に草原において，優占的に生育する植物種に被圧されやすい植物種に発芽と成長の機会を与えるために，**野焼き**を行うことがある。保全の対象とする植物種が地上に芽を出していない時期を選んで野焼きを行うなど，やり方を適切にする必要があるが，草原における希少な植物種の保全につなげることが期待されている。

植食動物による植物の摂食は，多数の個体により集中的になされた場合には，その場所の植生に大きなダメージを与えることがある。これも一種の撹乱である。植食動物が多く生息する熱帯草原（サバンナ）でイネ科の草本植物が多く生育するのは，イネ科の植物が摂食を受けても再生しやすい性質を備えているからである。イネ科の植物は，成長点が地表付近にあって，摂食によるダメージを受けにくい（図 8-4）。そうで

★5 ——地中の種子は，温度や水分の条件が発芽に適したものであっても発芽しないままでいる，すなわち休眠状態にある場合がある。特定の条件の下で休眠が解除され，発芽が可能な状態になる。この特定の条件は植物種によって異なり，光を浴びる，温度が上昇する，大きな温度変化を経験する，といった条件が，種によっては休眠の解除につながることが知られている。

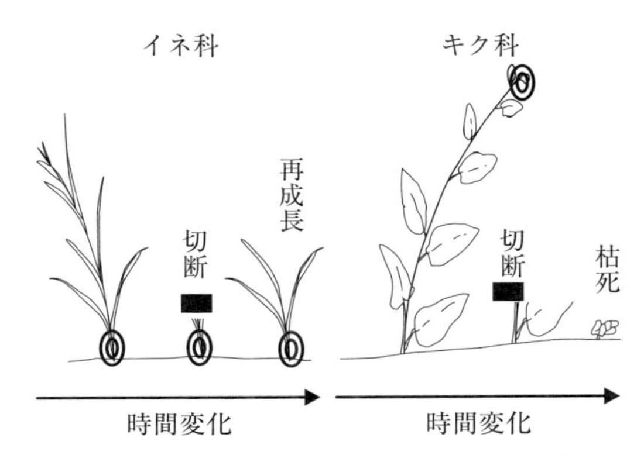

図8-4　イネ科の植物（左）とキク科の植物（右）とで，草刈りの後の典型的な様子の比較

イネ科植物は地表近くに成長点（◎）があり，刈られても再び芽を出して成長する。茎の先端付近に成長点がある植物では，根際（ねぎわ）から刈られるとイネ科の植物ほどには確実に再生せず，枯れてしまうこともある。

ない植物は茎の上部に成長点があるため，摂食により成長点を失い，植物体を再生する上で不利になる。

植食動物による採食は，人為的にも引き起こされる。放牧である。限られた面積に多数の家畜を放牧すると，植物に対する摂食圧が過大になって植生が徐々に変化していく。樹木の新芽は好んで食べられるため，家畜による踏みつけの影響と相まって木本植物は生育しにくい。イネ科以外の草本植物はもちろんイネ科植物も，地下茎からの再生が間に合わないほどに高頻度で摂食される。そのようなところで生き続けることができるのは，鋭いとげがある，有毒物質を含む，などの理由で家畜が食べない植物（家畜不嗜好植物）と，短期間で開花結実し，種子を生産する一年草である。放牧圧がさらに過重になると，それすら生育できなくなって裸地化する。このように，もともとあった植生を破壊してしまうほどの強度の放牧を，**過放牧**という。

このように，樹木を伴う植生から樹木が失われ，限られた種類の草本植物だけとなり，最後には**裸地化**するという変化は，第４章で示した植生遷移の一般的過程とちょうど逆方向の変化である。このような形で植生が変化することを**退行遷移**という。

人為的な撹乱としては，上述の野焼きや放牧のほか，薪炭(しんたん)林や農用林の伐採および下草刈りを挙げることができる。その詳細は，農業景観における人間活動の影響という観点から，第11章で改めて紹介する。

8.5　中規模撹乱説

以上述べたように，撹乱がない場合に優占的に生息している種を撹乱により排除することで，生息が可能になる種がある。一方で，過放牧に伴う植生破壊，裸地化が示すように，撹乱が強すぎたり，頻繁に起こりすぎたりした場合には，全ての生物がいなくなってしまう。そうなると，強すぎもせず，弱すぎもせず，適度な撹乱というのがないだろうか，と考えたくなる。

生態学においては，**中規模撹乱説**（あるいは中規模撹乱仮説）という考え方が受け入れられている。もともとは，熱帯雨林や熱帯のサンゴ礁における種の多様さを説明するためにConnell（1978）によって提唱されたものである。もしも撹乱がない場合には，種間の競争で優位に立つ種が同じ資源を利用する他の種を排除してしまい（**競争的排除**），生物群集が安定した平衡状態★6 に達した時には**種の多様性**は小さくなる。しかし，熱帯雨林でもサンゴ礁でもある程度の頻度で撹乱が起こるため，生物群集はいつまでも平衡状態に達せず（非平衡状態），特定の種が競争によって他種を排除しきってしまうことは起きない。その結果，そこでの種の多様性が保たれる，という考え方である。

中規模撹乱説では，生物群集の種多様性は，中規模，あるいは中程度

★6 ——時間が経過しても，種組成や種間関係に変化が見られなくなること。それぞれの個体は死に，あるいは生まれ，成長もするが，群集全体として見た場合には時間的な変化が認められない。

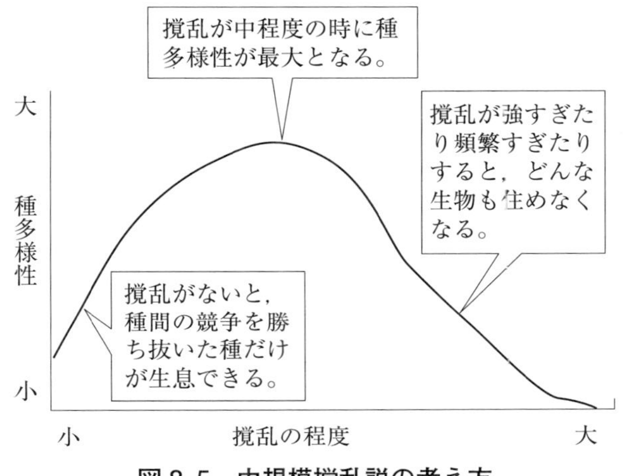

図 8-5　中規模撹乱説の考え方

の撹乱の下で高く維持されると見なす。中規模の撹乱の下で群集は非平衡状態のままに置かれ，特定の種が優占するまでには至らないため，種の共存が図られる。撹乱が起こらないまま，あるいは小規模な撹乱しか起こらずに時が経つと，生物群集は種間競争に勝った種だけが残る平衡状態に達し，種多様性は減少する。撹乱が大規模に過ぎると，全ての生物がそこからいなくなってしまう（図 8-5）。

最近では，「8.2　撹乱と植生遷移」で述べたように，撹乱がパッチ状に起こることも考慮される。ある場所は撹乱の直後で，生物がほとんどいない状態である。別の場所では長い間撹乱が起こっておらず，競争に強い種が優占している。別の場所では撹乱から回復する途中の段階にあって，生物の多様性が比較的高い。こうした，撹乱からの回復段階が様々な空間が入り交じることで，地域全体としての種の多様性が高まるほか，ある特定の段階を好む種に対して，どこかしらに生息適地が用意される状況を作り出す，と考えられる。

なお，撹乱は見かけではなく，生物群集に与える影響の大きさによってその程度が決まることに注意したい。例えば，岩礁の付着生物の種多様性に影響する撹乱として，ヒトデのような捕食者が侵入することが挙げられる。見かけ上は大きな変化ではないが，付着生物は多くが捕食されるため，撹乱として十分に意味のあるものとなる。優占して生息していた種が捕食により減少し，空いた場所に別の種が住み着くことで，種多様性は回復する。

もう一つ注意すべき問題がある。場所ごとに「中規模」の水準が異なる点である。生産力が高い場所では，撹乱後の生物群集の回復は早い。そのような場所では，相当の強さ，あるいは頻度の撹乱が「中規模」と見なされ得る。一方，生産力が低い場所では，少々の撹乱でも回復に長時間を要することもある。生息場所が孤立しており，撹乱後に外部から新たな個体が移入する機会が限られる場合も，撹乱後の生物群集の回復には時間を要する。

中規模撹乱説が直ちには当てはまらないケースもある。Connell（1978）も，季節変化によって優占種が変わり得るような群集では，撹乱がなくても平衡状態には達しにくいことを述べている。撹乱の起こり方によっては，全ての種に等しく影響を与えるのではなく，特定の種に厳しく，別の種にはほとんど影響しないことがあるが，そのような場合も，撹乱は種多様性の高まりをもたらさない。放牧によって家畜不嗜好性の植物が優占してしまう状況がこれに当たる。現実に，生物の生息場所の保全や管理にあたって中規模撹乱説を考慮して撹乱に相当する影響を人為的に加える場合には，以下の諸点を検討して，具体的な管理のあり方を考えるべきである。

①それぞれの対象地にどのような生物が生息し，またどのような撹乱が本来起こっているのか。

②生物群集が平衡状態にある結果として，種多様性の低下が現に起こっているのか。

③上記が起こっている場合，どのような攪乱によって優占種を排除するのがよいか。

④優占種を排除した後，他の種が移入してきたり，あるいは土壌中の種子から発芽したりして，その土地の生物群集に加入することが，自然に，かつ速やかに起こり得るか。

コラム 8-1　植物の生存戦略と攪乱

Grime（1977）は，植物の生存戦略を 3 つに分けた。植物の生存に影響する環境条件として，生育に関わる気候や土壌などの条件の厳しさ（ストレス）と，本章で説明した攪乱の 2 つを考える。この場合，ストレスに耐えて生き残る戦略，攪乱に適応して生き残る戦略，ストレスも攪乱も小さいところで他種と競争して勝ち抜いていく戦略の 3 つが考えられる（図）。ストレスと攪乱の両方に同時に対応できる植物種は，今のところ知られていない。

ストレスが強い場所では，生理的な性質を変化させて，強度の乾燥，極低温，強塩基性土壌，貧栄養土壌，低照度など，成長に不利な条件の下での生き残りと，ある程度の成長を図る。うまくいけば，競争相手が少ないところで資源を独り占めできる。急速な成長はできないので，一度成長したら簡単には枯れないよう，植物体の寿命は長めである。このような生存戦略をストレス耐性戦略（Stress tolerance strategy）といい，この戦略をとる種をストレス耐性種という。

攪乱の影響を強く受けるところでは，攪乱と攪乱の間に速やかに成長して繁殖し，できるだけ多くの種子を残すことが基本戦略となる。ストレスと異なり，攪乱に耐えるということは通常あり得ないからである。攪乱と攪乱の間の時期には植物の生育に適した条件になるので，その間にやれることをやってしまおう，という生き方である。したがって，発芽から開花成熟までの期間が短く，一株に多くの種子をつける。一年生草本植物によく見られる生き方である。このような生存戦略を攪乱依存戦略（Ruderal strategy）といい，この戦略をとる種が攪乱依存種である。

ストレスに強いわけでもなく，撹乱にうまく適応しているわけでもない種は，競争戦略（Competition strategy）をとらざるを得ない。光や根圏（根を張り巡らす領域）を奪い合い，競争に勝って成長しようとする植物である。

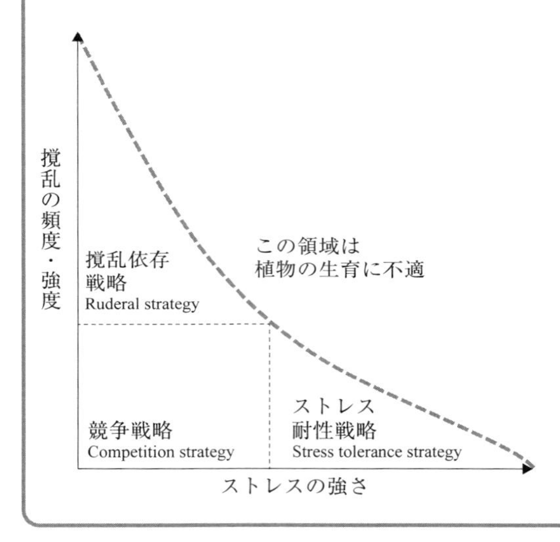

図　Grime に基づく植物の生存戦略の分類
ストレスに耐えて生き残るか，撹乱と撹乱の短い間に多くの子孫を残すか，他種との競争に臨むか，ということになる。それぞれの戦略は，英語名の頭文字から，S，R，C と略記される。

引用文献

・Auld, T. D., “Population dynamics of the shrub *Acacia suaveolens* (Sm.) Willd.: Fire and the transition to seedlings”, *Australian Journal of Ecology*, 11, 373-385, 1986

・Connell, J. H., “Diversity in tropical rain forests and coral reefs”, *Science*, 199, 1302-1310, 1978

・Grime, J. P., “Evidence for the existence of three primary strategies in plants and its relevance to ecological and evolutionary theory”, *The American Naturalist*, 111, 1169-1194, 1977

・Robinson, C. T. & Uehlinger, U., “Using artificial floods for restoring river integrity”,

Aquatic Sciences, 65, 181-182, 2003

・Valdez, R. A., Hoffnagle, T. L., McIvor, C. C., et al., "Effects of a test flood on fishes of the Colorado River in Grand Canyon, Arizona", *Ecological Applications*, 11, 686-700, 2001

参考文献

・倉本宣「河川草地の生物保全と管理」,『ランドスケープエコロジー』日本造園学会・編，技報堂出版，180-189，1999

・日本生態学会・編『生態学入門　第 2 版』東京化学同人，2012

・伊藤嘉昭「群集：多様性と安定性」,『動物生態学』伊藤嘉昭，山村則男，嶋田正和・編，蒼樹書房，343-379，1992

9　景観生態学的要因

《目標＆ポイント》 ある場所に生息する生物の種類や量は，その場所の環境条件に加えて，その場所を取り巻く空間のあり方にも影響される。本章では，ある場所を取り巻く空間の様子が，その場所に生息する生物の種類や量に影響を与える理由と，近隣の場所における生物の生息に及ぼす影響という視点から空間のあり方を評価するための考え方を紹介する。
《キーワード》 面積，資源，移入，孤立性，島嶼（とうしょ）生物地理学，メタ個体群，境界効果

9.1　なぜ周囲の状況が重要か

第４章で紹介した植物群落の遷移（植生遷移）を思い出していただきたい。撹乱によって植物が除去されることがなければ，植物群落は徐々に発達し，それに従って群落が成立している場所の環境条件も変化する。環境条件が変化すると，新たな環境条件の下で有利になる植物の種類も変わっていく。新たに有利な立場を得た植物種が，それまで有利だった植物種と次第に置き換わっていくことで，群落を構成する植物の種組成が変化する。このように，植物群落と環境条件とが互いに影響を及ぼし合いながら変化し，最終的には，極相あるいは終局群落と呼ばれる植物群落の成立に至る。

ところが，このような形で植生遷移が進むために不可欠な条件が一つ存在する。植生遷移に伴って変化した後の環境条件の下で優位に立つこ

図 9-1　人間による改変が進む地域に林が残る様子
林の周りは農耕地，住宅地，道路などに改変されている。このような林では，隣の林から種子が運ばれてくる機会は限られる。
出典：Image © 2024 Google マップ　千葉県船橋市藤原 3 丁目 6　N35.736362, E139.976034 付近

とができる植物がその場で既に育っているか，あるいはその種子★1 がその場所に発芽可能な状態で存在するか運ばれてきていなければならない，ということである。当然であるが，光，温度，水，土壌の条件がどんなに良くても，植物がその場所で生育するためには，外部からもたらされた種子が発芽して成長するか，元から土の中に埋まっていた種子が発芽して成長するか，あるいは切り株からの**萌芽更新**などの形で生じた芽が育つことが必要である。言い換えれば，種子が運ばれてこず，土に埋もれた生きた種子や，そこからの発芽が可能な植物体も存在していなければ，その種の植物が新たに生えてくることはない。

その場所で育つことができる植物の種子が，周囲から支障なく供給されるのであれば問題はない。しかし最近では，人間が改変した土地が広がる中に，以前の植生の名残である林や草地が点々と断片的に残っている例が増えている（図 9-1）。この状態は，生態学では「パッチ状の分

★1 ――あるいは，むかごのような栄養繁殖体でもよい。本章では，栄養繁殖体も含めて種子として記述する。

布」と表現されることが多い。そのような林や草地に，その中に生えていない植物の種子が運ばれてくる機会は，必ずしも多くない。

植物の種子が運ばれる様式（**種子散布**様式）としては，重力散布，自動散布，水滴散布，風散布，水流散布，動物付着散布，動物被食散布などがある。このうち，種子が自然落下する際の運動エネルギーのみを利用する**重力散布**，植物自身の働きによって種子を周囲にはじき飛ばす**自動散布**，降雨の水滴の衝撃で種子が周囲に飛び散る**水滴散布**などでは，種子の散布距離は親個体のごく近傍に限られる。種子が風によって運ばれていく**風散布**の場合，条件次第で種子は遠くまで運ばれるが，建築物や舗装された土地に広く覆われた市街地では，発芽に適した土地に種子が運ばれる確率は低い。**水流散布**によって種子を散布するのは，主に河川沿い，海岸沿いに生育する植物である。人間によって河川や海岸が改変される際，多くの場合は護岸が施されるので，水流によって運ばれる種子が定着できる範囲も制限される。

動物の体表に付着した種子が動物の移動により遠方に運ばれ，脱落した場所で発芽の機会をうかがうのが**動物付着散布**である。また，動物に食べられた種子（果実ごと食べられることが多い）が，消化されることなく糞（ふん）とともに排出されることで，結果として親植物から離れた場所に運ばれるのが**動物被食散布**である。市街地を越えて移動できる動物種がわずかではあるが存在するため，上記の2種類の散布様式を持つ種子の場合は，市街地や農耕地を越えて，種子がパッチ状に残された植物生育地へ外部から運ばれてくる可能性がある。特に，都市の環境条件に適応した鳥類は，個体数も多く，都市化された地域での種子散布者として重要である。そのため，パッチ状に残存する緑地（特に樹林地，図9-1）において，それらの鳥類が好んで摂食する液果植物（種子の周りに水分を多く含む果肉がある）が増えるという結果を招いている（「コラム

10-1」を参照)。

動物の生息場所についても同様のことが言える。ある種の動物の生息に適する条件を備えた場所があっても，そこに問題の動物がやってこなければ，その場所がその動物種の生息場所となることはない。さらには，やってきたのが1個体だけでは，それが生きている間だけの生息場所でしかない。持続的な生息場所とするためには，やってきた個体が繁殖を行い，世代を重ねて個体群が存続するか，あるいは渡りの中継地や越冬地などのように毎年決まった季節に個体が訪れ，生息のための場所として利用されなければならない。つまり，植物にせよ動物にせよ，ある場所にある生物種が生息するためには，その生物種の個体や種子などがそこに到達できることが不可欠である。

個体の生息ではなく，個体群が世代を重ねて存続できるかどうかを問題にするのであれば，もう少し長い時間を考慮しなければならない。ある程度多くの個体数からなる個体群がその場所で長期にわたって維持されるかどうかということになる。

個体群を構成する個体の数が少ないと，同じ親から産まれた子ども同士，あるいはいとこ同士など，血縁関係が強い個体間での繁殖が起こりやすくなる。これは，遺伝的には好ましくない★2。存続のためには，遺伝的に多様な多数の個体から構成される個体群が成り立っていることが望ましい。また，それだけの数の個体が生きていける食物や営巣場所などの資源が継続して存在することが必要である。生活に必要な資源がそ

★2 ——遺伝的に近い個体間で繁殖することを**近親交配**と呼ぶ。近親間では共通の**潜性**（劣性）**遺伝子**を持つ可能性が高く，結果として，それらの子どもに潜性遺伝子が受け継がれ，その遺伝子が発現する可能性も高まる。潜性遺伝子は**顕性**（優性）**遺伝子**に比べ，障害をもたらしたり，致死性を生じさせたりするような働きがあるものの割合が高い。そのため近親交配が進むと，そのような不利益をもたらす遺伝子が発現しやすくなり，個体および個体群の存続に不利になる。このように，近親交配が重なり，潜性遺伝子の発現頻度が高まって，形質の弱い個体が増加していくことを**近交弱勢**（きんこうじゃくせい）と呼ぶ。近親交配にはこのほかにも，個体群における遺伝的多様性が低下しやすくなる問題もある。

の一帯で継続して確保できなければ，資源が不足した時点で，少なくとも一部の個体はよそに出ていくか死んでしまい，やがて個体群は縮小するか消滅してしまう。資源の量は，資源を提供する空間の広さに大きく左右される。資源を提供する空間とは，生物が食物や営巣場所などを得る空間，すなわち生息場所である。このように考えると，生物の生息場所がどのくらいの広がりを持っているかが，その生物にとって重要な意味を持っていることが理解できるだろう。

9.2　周囲の状況をどのように捉えればよいか

前節の内容を要約すると，ある生物種がその場所に生息しているか否かは，その場所に対して他の生息場所から種子や個体が移動してくることがどのくらい容易であるかによって左右されるということである。

ある生息場所と他の生息場所との間における生物の移動可能性のことを**生息場所間の連結性**と呼び，移動可能性が高い，つまり生息場所間の移動が容易に可能な場合には連結性が強いとする。そこで，ある生物種がある生息場所に生息しているか否かは，その生息場所と周囲に存在する他の生息場所との連結性に左右されると表現できる。

ある生物種の個体群が持続的に生きていくことができるかどうかは，その生物種にとっての生息場所がどれぐらい広がっているか，すなわち生息場所の面積が関係する。生息に適さない空間に囲われたパッチ状の生息場所が，どのくらいの生物を養うことができるのかは，この2つの指標，すなわち他の生息場所との連結性と，生息場所の面積に基づいて考えることができる。

生息場所の面積は比較的考えやすいが，生息場所間の連結性の評価は容易ではない。それは，生物が実際に移動する様子を直接計測することが難しいことに由来する。そこで，現実的な考え方として，同じ種類の

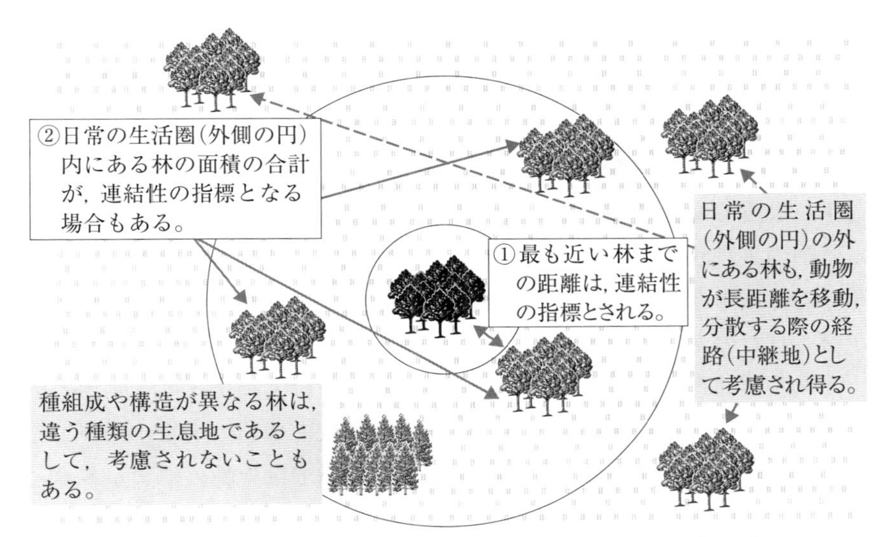

図 9-2　パッチ状の林にとっての連結性を評価する考え方
中央の林と他の林との連結性を評価する状況を考える。①最も近い林までの距離，②中央の林に生息する，注目する動物の日常の生活圏内にある林の面積の合計，といった評価基準が一般的。生物の種類によって移動能力は異なるため，注目する生物の種類によって連結性の評価結果は変わり得る。この図の場合も，日常の生活圏が狭い生物は，利用できる林が少なくなる。日常の生活圏が内側の円内とすると，他の林は一つもないことになり，孤立した状態と評価される。

生物生息場所が，生息場所に住む主な動物にとって容易に移動可能な近隣にどのくらいあるか，あるいは最近隣の生物生息場所までの距離はどのくらいかを指標として，連結性の評価が行われる（図 9-2）。なお，連結性の逆，つまり，他の生息場所から生物が移動してくることが困難な程度を**孤立性**と呼ぶ。同じ種類の生物生息場所までの距離が大きくなるほど，生物がそこからやってくることは難しくなり，孤立性は増すと考えられる。他の生息場所との間の生物の移動が困難になるような，孤立性を高める変化が孤立化である。

9.3　関連する生態学の理論

9.3.1　島嶼生物地理学の考え方

生息場所の面積，および他の生息場所との連結性が，生息場所における生物の生息状況を規定するという考え方は，**島嶼生物地理学**という学問分野で長年研究されたものである。島嶼生物地理学でどのような考えがなされたのか，以下に紹介する。

島嶼生物地理学においては，海洋中の島嶼では大陸に比べて生物の種類が少ないことに着目し，ある大きさの島には何種類の生物が住むことができるかを知ろうとして始まった。大きな島では生物の種類が多く，小さな島では種類が少ないことが，様々な形で明らかにされた。MacArthur と Wilson（1963）は，これらの事実の理論的な説明を試み，島嶼における鳥類の種数は，大陸からの距離の増加に伴って減少する**移入率**と，島嶼面積の減少に従って増大する**絶滅率**との平衡（バランス）によって決まると説明した。すなわち，生息場所の面積が狭いと，そこに生息できる個体の数は制限され，その結果として絶滅が起こりやすくなると考えた。それを補うのが外部からの個体の移入であり，生物種の供給源である大陸に近かったり，あるいは島が大きくて移動中の個体に発見されやすかったりして移入が頻繁に生じるならば，生物種の島からの消滅は避けることができると考えた（図 9-3）。この考え方は，**移入・絶滅平衡説**と呼ばれる。

その後，陸上にあるパッチ状の生息場所を島に，生息場所を取り巻く非生息場所を海洋に見立てることで，移入・絶滅平衡説を陸上の生息場所にも適用することが試みられた。Diamond（1975）は，陸上にあるパッチ状の生息場所における生物の種数は，生息場所の面積が大きく，他の

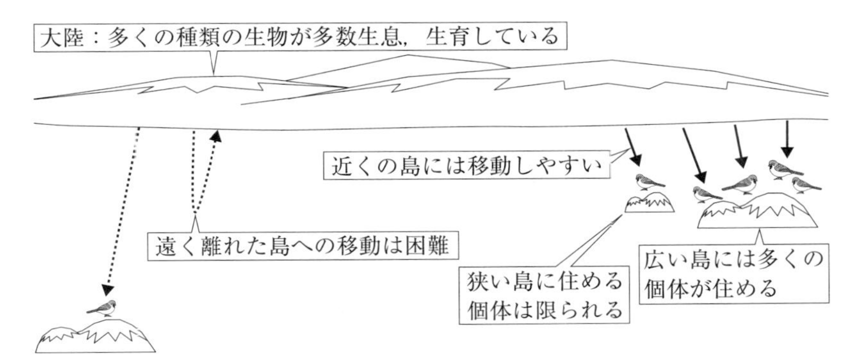

図 9-3　島における種数はどのように決まるか
大陸からの距離と島の面積によって，島にどれだけの生物が住むことができるかが決まるのではないか，と考えられた。

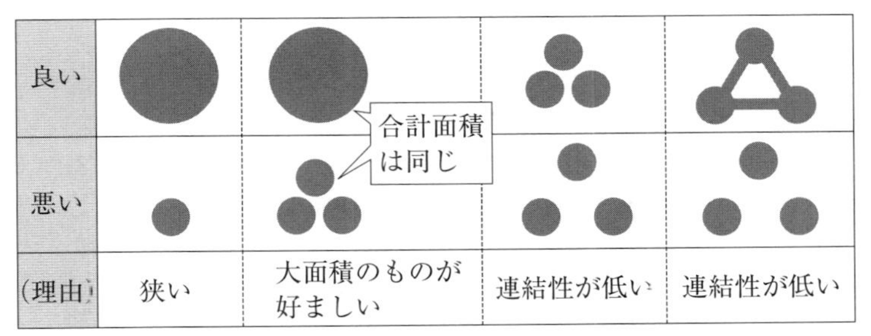

図 9-4　面積と孤立性から判断される，良い生息場所と悪い生息場所
多くの種の生物を住まわせることができる生息場所を良い生息場所と考える。

生息場所と近接しているほど大きくなり，または移動路となる空間（「コラム 9-1」を参照）で接続されている場合は，そうでない場合よりも種数が多くなるという考えを示した。この考え方はその後に広く受け入れられ，この関係性を示す模式図も様々な研究者によって作られている（図 9-4）。

今日では，移入・絶滅平衡説それ自体は，現象のモデル化にあたっての厳密性の欠如などが批判されることもある。例えば，全ての生物種をひとくくりにして移入率や絶滅率を考えることが適当か，といった点である。しかし，そのような問題点はあってもなお，移入・絶滅平衡説は，島嶼やパッチ状の生息場所における生物の種数（種の多様性）を考える上で，生息場所の面積と移入の起こりやすさが重要であることを示す考え方として注目すべきものである。

コラム 9-1 「移動路となる空間」とは？

生物がそこを通って容易に移動することができる空間が生息場所の間を結んでいれば生息場所間の連結性（＝移動可能性）が高まることは，理屈の上では理解できるだろう。しかし，どのような空間であれば，生物は容易に移動することができるのだろうか。言い換えれば，移動路となる空間となるための条件は何であろうか。

これまでの研究により，それぞれの生物にとって望ましい生息場所に近い状態の空間が連続して存在していれば，その一続きの空間に沿ってその生物の移動が起こりやすいことがわかっている。樹林性の生物であれば，複数の林をつなぐ連続した樹木植被地が移動路として機能し得る。草地性の生物にとっては連続した草地，水辺の生物にとっては連続した水辺が，移動路として望ましい空間と言える。したがって，林を分断する形で送電線やパイプラインが設置され，それに沿って林が切り開かれて草地ができている場合，この細長い草地は樹林性の生物にとっては移動の障壁であり，草地性の生物にとっては移動路である。

樹林性の生物にとっては，林と言えるような樹木植被地が連続していればそれは移動路となり得る。とはいえ，樹木植被地といっても，高木だけが生育している植生構造が単純な場所もあれば，高木の下に亜高木や低木，草本植物なども生育していて構造が複雑な場所や，樹木は点々とまばらに生えていて丈がより低い植物が連続して生育している場所もある。こうした，植生としての空間的な構造の違いは，樹林性の生物の移動路としての有効性に差をもたらし得る。

Matsuba ら（2016）は，東京都多摩地区で樹林性の生物にとっての移動路となり得るような細長い樹林地（緑道）を 3 箇所を選び，それぞれに近接する多くのパッチ状樹林地で鳥類調査を行った結果を報告している。それによると，高木の下に亜高木や低木，草本植物なども生育している緑道沿いのパッチ状樹林地では，そうした構造を持っていない他の2つの緑道沿いのパッチ状樹林地よりも多くの種の樹林性鳥類が記録される傾向が認められた。垂直構造がより複雑な緑道が樹林性の鳥類の移動をより強く促したことがこのような傾向の背景にあるものと考えられる。この結果は，生物の移動路として機能させたい空間の植生のあり方に注意を払う必要性を示している。

都市における植生の構造については，「10.1.3　人間に管理された植生の特徴」も参照されたい。

図　高木の下に亜高木や低木，草本植物なども生育していて，植生の構造が複雑な緑道（左）と，ほぼ高木のみが生育し，植生の構造が単純な緑道（右）

9.3.2　メタ個体群の考え方

島嶼生物地理学では，島における生物の種数が問題とされた。これに対し，近接して存在する複数のパッチ状生息場所において個体群がどのように振る舞うかを考える枠組みも提唱されている。それが，**メタ個体群**の考え方である。

ある程度近くに位置する複数の生息場所において同じ生物種が生息している場合，個々の生息場所の個体群はそれぞれ独立しているというよりは，一部の個体が低い頻度でも生息場所間を行き来することによって，互いに緩やかに結びついていると考えるのが自然である。このような形で結びついた個体群の全体をメタ個体群と呼び，個々の個体群を**局所個体群**と呼ぶ（図 9-5）。このメタ個体群の考え方からも，他の生息場所から全く孤立した生息場所は，生物の生息にとって不利であることが指摘される。

例えば，何らかの理由である一箇所の生息場所で個体群が全滅してしまったとする。孤立の度合が小さければ，他の生息場所から同種の個体が移動してきてそこに定着し，個体群が再生される。この過程は，**個体群動態における不安定性の克服**とも表現される。生息場所が完全に孤立している場合には，上述のような移動と定着は起こらず，個体群動態における不安定性は克服されないため，一度全滅した局所個体群は容易には回復しない（図 9-5）。時間の経過とともにその生物種が存在しない生息場所が増加し，最終的には一帯からその種の個体が消滅してしまうこともあり得る。

さらに，孤立した生息場所では他の生息場所の同種個体との間の遺伝子の交換が起こらなくなるため，遺伝子の偏りが起こりやすく，不利な形質が発現しやすくなる。これは，本章の**脚注 2** で既に説明した**近交弱勢**（きんこうじゃくせい）と呼ばれる問題である。

複数の局所個体群間である程度の個体の移動が起こり，メタ個体群が形成されていれば，局所個体群の消滅が起こったとしても，他の局所個体群から個体が移動してくる可能性が高い。局所個体群相互の間で個体が移動することにより，近交弱勢も生じにくくなる。このようなメタ個体群の考え方からも，パッチ状に存在する生息場所の孤立性を下げ，連結性を高めることの重要性を認めることができる。

9.3.3 境界効果

生息場所の境界のすぐ内側における植生は，生息場所の外側における

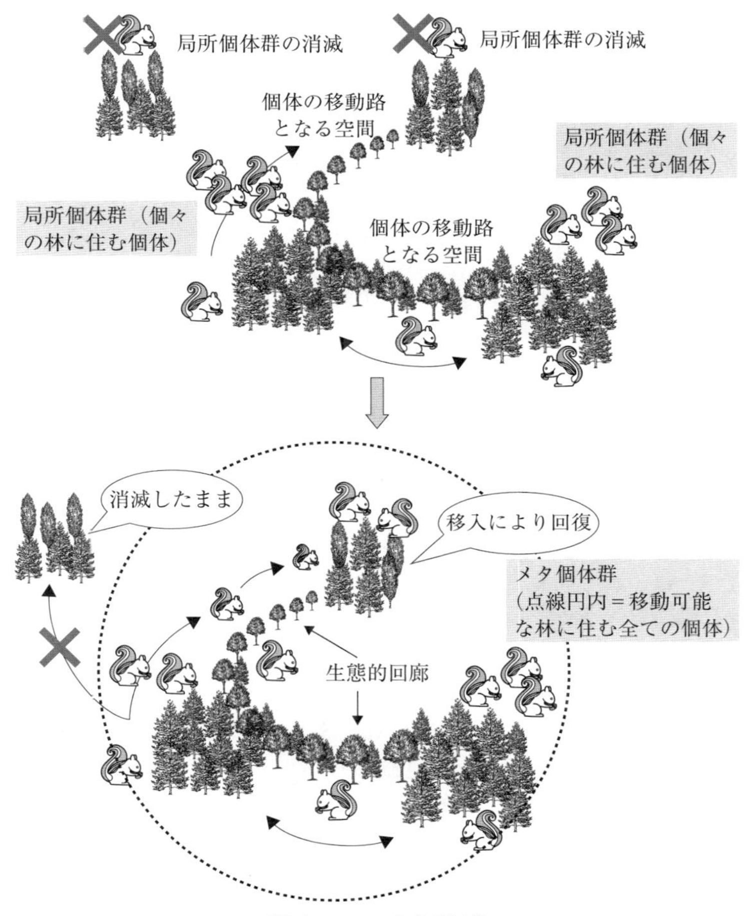

図 9-5　メタ個体群

図には4つの樹林地と，そのうち3つを結ぶ細長い平面形状の樹林地が描かれている。それぞれの樹林地にリスの個体群が生息する場合，各樹林地の個体群は互いに完全に独立しているというよりは，一部の個体が低頻度で樹林地間を移動することを通じて弱く結びついた状態にあると考えられる。このように弱い結びつきでつながった複数の個体群の全体をメタ個体群と呼ぶ。ここでは，個体にとって移動路となる細長い樹林地で結びついた3つの樹林地の個体群は，メタ個体群を形成していると考えられる。何らかの理由で，メタ個体群内のある局所個体群が全滅しても，他の局所個体群から個体が移動して定着すれば，個体群を回復させる可能性がある。なお，このように，移動路となる細長い空間のことを，生態的回廊と呼ぶ。

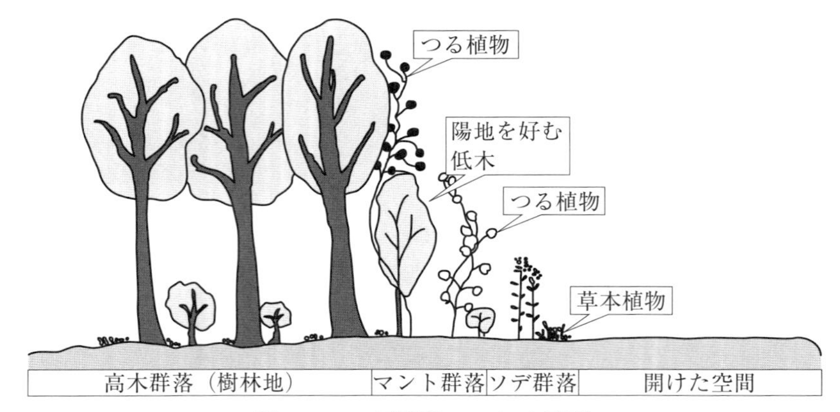

図 9-6　ソデ群落，マント群落

樹林地（高木が優占する植物群落ないし植生）が，農耕地や道路など開けた空間に接する場合，境界部分（＝林縁）は樹林地の内部に比べて光が遮られずに明るくなる。そのため，明るい場所を好む低木や草本植物がよく生育する。また，これらの植物や，さらには樹林地の植物を覆うようにしてつる植物が育つ。このようにして林縁に形成される特徴的な植物群落を，マント群落（つる植物や低木が中心）やソデ群落（草本植物が中心）と呼ぶ。

微気候の影響を受けやすい。そのため，境界付近に特有の植生（ソデ群落やマント群落）が発達しやすい（図 9-6）。これは，林のように高さのある植生を持つ生息場所が，農耕地や道路のように開けた場所に接している場合に顕著である。

さらに，生息場所の内部に向かって，外側から捕食者や競争者が侵入することもある。日本の多くの場所では普通，林の中にはスズメは少ないが，林に隣接して農耕地や鶏舎などがあると，そこで採食するスズメが林の中にも侵入することがある。また，牧草地を主なすみかとするヘビが隣接する林に侵入し，鳥類の営巣を襲って，卵や雛(ひな)を食べてしまうこともある。このように，生息場所の境界付近では，生息場所の内部とは生息条件が異なることが多い。このような現象を引き起こすことを**境**

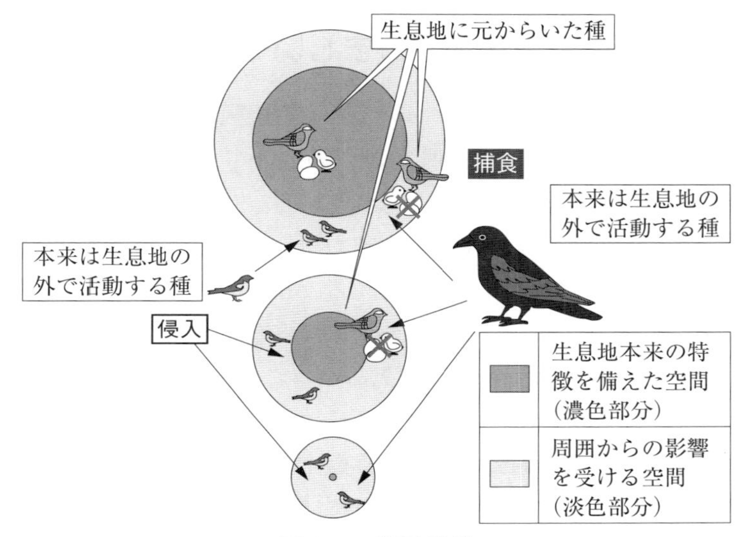

図 9-7　境界効果

生息場所の境界付近では，光条件や水分条件が生息場所のより内側とは異なり，その結果，植生の様子も違ってくる場合がある。また，その生息場所には本来生息していない種の個体が外部から侵入し，生息場所内の動物にとって捕食者や競争者となる場合もある。このように，生息場所の境界付近において周囲の空間から受ける様々な影響を，境界効果と総称する。境界効果は，境界からある程度よりも内側では見られなくなるが，効果が及ぶ範囲は状況により異なる。生息場所の面積が減少すると，周囲の空間からの影響を受けやすい部分（＝境界部分）の割合が相対的に増加する。

界効果と呼ぶ。

生息場所が狭いと，境界効果が生息場所の全体あるいは大部分に及んでしまう。これでは，生息場所の本来の働きが大きく損なわれてしまう(図 9-7)。大面積の生息場所では，境界効果が及ぶ部分の割合は小さくてすむ。このような境界効果が存在することは，大面積の生息場所が小面積の生息場所に比べて好ましい理由の一つである。

9.4　大面積の生息場所が好ましいその他の理由

陸上のパッチ状の生息場所において，生物の種数が生息場所の面積と正の相関を示すことは，定性的には明らかであり，野外調査に基づく多くの研究によって事実としても示されている。

もっとも，パッチ状生息場所の面積の増加に伴って生物の個体数が増え，その結果として多くの種が生息するようになる，ということだけであれば，いろいろな種の個体がランダムに分布していたとしても起こり得る（図 9-8）。その場合，大面積になれば，面積の増加に伴う種数の増加は緩やかになるので，あまり大面積の生息場所はかえって効率が悪いことも考えられる。過去にそのような主張がなされたこともあった。

しかし実際には，大面積の生息場所には小面積の生息場所にはない利点がある。それは，一つの生息場所の外に出ることなく，その中だけで生活に必要な多くの資源を獲得できるということである。このことが特に問題になるのは，生きていくために多くの食物を必要とする大型の哺乳類や猛禽(もうきん)類である。大面積の生息場所が道路や送電線の設置，その他の人為的な土地改変により分断されたり，開発などによって縮小されたりすると，こうした動物の生存は強く脅かされてしまう。このように，大面積の生息場所が存在しないと生き続けることが困難な種★[3]が存在する。このことは，大面積の生息場所を維持し続ける必要があることの根拠の一つとなっている。

このほか，大面積の生息場所には多様な**微小生息場所**（**マイクロハビタット**★[4]）が存在し得ることにも気をつけたい。例えば，生息のために樹洞(じゅどう)を必要とする鳥類や哺乳類の場合，樹洞が形成され得るような老齢

★3 ――このような種の生息を保証することにより，より小面積の生息場所で足りる種の生息もあわせて保証されることから，これらの種を**アンブレラ種**と呼んで，地域の生物多様性保全を図る際の指標として位置づけることもある。これらの種の生息場所が，ちょうど雨傘（アンブレラ）のように他の多くの種の生息場所を包み込むことに由来する。

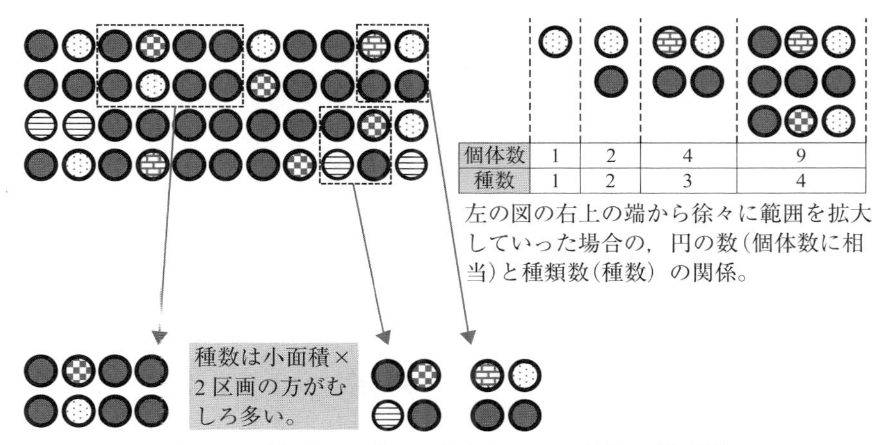

図 9-8　種がランダムに分布している状況の模式図

連続する 1，2，4，9…個の円（生物の 1 個体と見なす）を考えた場合，多くの円を考えるほど，そこに含まれる円の種類（＝生物種に対応）も多くなる（右）。また，多数の個体を含む（＝大面積の）区画 1 つよりも，合計面積が同じになる小面積の区画複数の方が，多くの種を含む場合が生じる（左）。

木，大径木が樹林地のどこかしらに常に存在していなければ，その樹林地で生息し続けることはできない。こういうことは，より大面積の樹林地において，容易に起こると考えられる。

9.5　生息場所間の連結性が重要である理由

「9.3　関連する生態学の理論」で紹介したメタ個体群の考え方から，生息場所間の連結性が保たれることで，個体群の動態における不安定性の克服と，近交弱勢の回避という利点が生じることがわかる。生息場所

★ 4 ――通常数十 cm からせいぜい数 m 程度の範囲でのまとまりを持つ空間や構造物で，生物の営巣や採食など，生活に必要な状況において重要な役割を果たすものをいう。例えば森林では，樹洞や倒木，枯死木などは一部の生物にとって生活上不可欠なものであり，いずれも特定の生物種の個体または個体群の生息場所になったり，特徴的な生物群集が見られる場所になったりする。河川では，川底の礫（れき）の隙間や水生植物の間などが，そこで暮らす生物にとって重要な役割を果たす空間や構造物となり，微小生息場所として取り上げられる。

間の連結性が高く，生物の移動が障害なしで可能であれば，そこに生息する生物にとってはさらに以下のような利点も生じる。

・より多くの資源を利用する生物種への生息場所の提供。孤立した生息場所が一つのみでは，餌や営巣地，隠れ場所といった資源が十分に利用できない生物種でも，連結された複数の生息場所であれば，その全体から必要なだけの資源を得られる場合が考えられる。

・時期によって異なる生息場所を利用する生物種が，それらの生息場所の間を移動する機会の確保。例えば，水辺で産卵し，水中で幼生の時期を過ごし，成体になった後は陸上でも長時間を過ごす両生類は，それぞれの時期の生息場所の間を移動できないと，その土地では生活史を完結させることができない（**第11章**を参照）。あるいは，営巣場所と採食場所が異なるため，一日の中で異なる種類の生息場所の間を往復して暮らす動物もいる。例えば水鳥の中には，日中に採食のために利用する場所と，夜間に塒（ねぐら）をとるための場所の間を日々往復するものもあり，都市化された地域では水鳥の個体の多くは河川に沿って移動しているという（Takeshige と Katoh，2020）。こうした生物の場合，生息場所の間の移動が保障されなければ，生きていくことができなくなる。

従来，環境条件と言えば，生物が現に生息している場所における諸条件のみが取り上げられることが多かった。実際には，生息場所の面積や，他の生息場所との間の移動のしやすさといった，生物が現に生息している場所の周りの状況もまた，生物にとっての環境条件である。こうした点を特に取り扱う研究分野が**景観生態学**（**ランドスケープ・エコロジー**）である。そこで，生息場所の面積や他の生息場所との間の連結性，孤立性といった条件のことを，景観生態学的な条件，あるいは**ランドスケー**

プ・スケール（またはランドスケープ・レベル）の環境条件と呼ぶことがある。あるいは，これらの条件は生物に強く影響することが既知であることから，単なる条件ではなく要因として扱われ，景観生態学的要因とも称される。景観生態学的な条件（要因）の考慮が，具体的にどのような場面で必要になるかは，次の**第10章**，**第11章**に示す具体的な事例を通して学んでいただきたい。

引用文献

・Diamond, J. M., "The island dilemma: Lessons of modern biogeographic studies for the design of natural reserves", *Biological Conservation*, 7, 129-146, 1975

・MacArthur, R. H. and Wilson, E. O., "An equilibrium theory of insular zoogeography", *Evolution*, 17, 373-387, 1963

・Matsuba, M., Nishijima, S. & Katoh, K., "Effectiveness of corridor vegetation depends on urbanization tolerance of forest birds in central Tokyo, Japan", *Urban Forestry & Urban Greening*, 18, 173-181, 2016

・Takeshige, S. & Katoh, K., "Usage of urban rivers by gulls and cormorants as movement pathways in winter", *Ornithological Science*, 19(2), 187-201, 2020

参考文献

・Forman, R. T. T. & Godron, M., *Landscape Ecology*, John Wiley & Sons, 1986

・Burel, F. & Baudry, J., *Landscape Ecology: Concepts, Methods, and Applications*, Science Publishers, 2003

・M. G. Turner，R. H. Gardner，R. V. O'Neill『景観生態学—生態学からの新しい景観理論とその応用』中越信和，原慶太郎・監訳，文一総合出版，2004

・山浦悠一，加藤和弘「周辺環境が鳥類の生息に及ぼす影響」，『鳥の自然史—空間分布をめぐって』樋口広芳，黒沢令子・編，北海道大学出版会，123-138，2009

・井手久登・編『緑地環境科学』朝倉書店，1997

10　人間による環境改変 1：都市化

《目標＆ポイント》 人間の活動は，生物多様性を損ない，より単調な生物相をもたらすことが多い。本章から第 12 章までは，これまでに紹介した考え方により，人間活動の影響を受けた場所における生物群集や生物多様性のあり方がどのように説明することができるのかを紹介する。
本章では都市の生物を取り上げる。以下の点に注意して学習してもらいたい。
・都市化が生物多様性の低下に結びつく理由
・都市化に伴う生物多様性や生物相の変化のあり方
・都市に生息する生物の特徴
《キーワード》 都市化傾度，資源，ストレス，移動，孤立化，入れ子構造

10.1　都市化はどのようにして生物に影響を及ぼすか

10.1.1　生物の少ない市街地

人間は，科学技術を高度に発達させ，もともとあった生態系を大きく改変して生活するようになった。人間の活動が活発になるのに伴い，人間以外の生物の多くは人間の日常の生活圏から姿を消しつつある。

都市では，この傾向が顕著に現れている。高度に発達した市街地では，土地から植物や土壌が取り去られて建築物が設けられ，建築物の間の地面の大半はコンクリートなどで覆われている。わずかに残された土の地面に生えている植物のほとんどは，人間によって植えられたもので，それ以外には，主に人間や鳥などに運ばれるか，風で飛ばされてたどり着いた種子が発芽成長した植物が所々に見られる程度である。

都市はこのように，人間と，人間によって飼育・栽培されたもの以外の生物にとっては，生きていくことが非常に難しい場所である。その理由は次の2点に集約できる。

①生物の生息に必要な**資源**が少ない。先に説明したように，土地のほとんどは建物や舗装で覆われているため，植物が育つことができる土はほとんどない。植物が少なければ，それを食物としたり，植物が作る空間を営巣などに利用したりする動物も，生きていくことが困難になる。舗装されておらず，植物が生えている場所でも，管理のために一部の植物を刈り取ったり，樹木を剪定したり，あるいは落葉・落枝を除去したりすることが普通である。これらの行為は，植物や落葉・落枝を利用する生物にとっての資源を減らすことにつながる。

②生物の生息にとって妨げとなる物質や刺激（**ストレス**★1）が多い。大気や土壌，河川や池沼の水における，いわゆる汚染物質が，その代表的なものである。人間が近くで活動することで，他の動物の採食や繁殖が妨害されることもある。人間の側には動物に危害を加える意思がなくても，動物は人間を警戒するため，その分，採食や繁殖に費やす時間が減ってしまったり，繁殖を諦めてしまったりすることが起こる。騒音によって個体間のコミュニケーションが妨げられる例や，夜間の人工光で動物の行動パターンが変化してしまう例も報告されている。さらに一部の生物は，人間による直接の攻撃（駆除，除草）の対象となる。

10.1.2　生物の生息場所となる緑地

都市の中には，ある程度まとまって植物が生えている場所もあり，**緑地**と呼ばれる★2。都市の中でも緑地は，人間以外の生物が多く見られる

★1 ――ストレスとストレス要因は厳密には分けて考える必要があるが，本書では両方をストレスと表現している。

場所，生物の生息場所である。そこには，栽培・飼育されていない植物や動物も少なくない。緑地の中では，緑地の外に比べると，先に挙げた2つの制約が大幅に緩和されることが理由である。

しかし，地域の都市化が進めば進むほど，その地域の緑地で見られる生物の種類は少なくなる。同じような植物が生育し，同じように利用や管理がなされている緑地でも，大都会の中心部にあるものよりも郊外の住宅地にあるものにおいて，より多くの種類の生物が見られる。これは主に，**第９章**で示した景観生態学的な理由による。**第９章**の復習も兼ねて，なぜ都市化が進むほど緑地の生物の種類が少なくなるか，その理由を以下に示す。

(1) 生息場所が狭く少ない

都市化が進むと，人間の生活や経済活動，社会活動のために，より多くの土地が利用されるようになる。その結果，生物の生息場所となり得る緑地の割合は小さくなる。個々の緑地には狭いものが多くなり，その数も減っていく。一度そうなってしまうと，その傾向を逆転させる，つまり，人間の生活や経済活動に利用されている土地を生物の生息場所となる緑地に戻すことは，そこで人間の活動が続いている限り容易ではない[★3]。

生物の生息場所については，その面積が大きいほど生息場所として優れていると考えられている。**第９章**で述べたように，島嶼（とうしょ）生物地理学

★2 ──都市計画や関連法規においては，緑地とは本来，建物や交通路などの用途に充てられていない土地（空地）で，その状態のまま維持するために確保されているものを指す。したがって，植物が生えていない緑地も法制度上は存在するが，ここでは一般的な用語法に従い，植物により全体または一部が覆われた土地を緑地とする。

★3 ──今後人口の減少が進んだ場合には，状況が変わり得る。地方の中山間地域では，耕作放棄地や無人化した集落が野生生物の生息場所に変化しつつある。都市においては，地表面や建物，構造物の人工化の程度が大きいため，生物の生息場所として適切な状況とするために人工物の除去が望まれるかもしれない。

の知見は，大面積の生息場所にはより大きな個体群が生息でき，絶滅率が小さくなること，大面積の生息場所は外から移入してくる個体に発見されやすく，移入率が上昇し，より多くの種が生息できるようになること，の2点を示唆する。それ以外に，**境界効果**の影響を受けにくい，生息のために大面積の生息場所を必要とする生物である**アンブレラ種**がいる，面積が大きいほど内部に多様な生息場所が含まれやすい，といった点も，狭い生物生息場所では生物の種が少ないことの理由となる。

(2) 生息場所が孤立している

都市において，生物の生息場所はパッチ状になって散在している。個々のパッチ状の生息場所の周囲は高度に人工化された市街地であることが多く，ある生息場所から別の生息場所へと移動する場合には，そのような市街地を越えていかなければならない。

ほとんどの生物にとって，市街地は単に資源に乏しい場所であるだけでなく，ストレスが多く，できるだけ避けたい場所でもある。市街地によって生息場所が相互に大きく隔てられると，生息場所間の生物の移動は起こりにくくなり，個々の生息場所は孤立した状態になる。これは生息場所の**孤立化**である（**第9章**）。土地全体に対する市街地の割合が大きくなるほど，それ以外の土地，特に生物の生息場所となる緑地間の距離が大きくなって，孤立化が進行する★4。

生息場所の孤立化は，個々の個体は移動をしない植物の群落のあり方にも影響する。孤立した生息場所には，他の生息場所から植物の種子が入ってくることが少なくなる。そのため，本来は生えていておかしくない植物が生えてこないことがある。逆に，周囲の住宅地，市街地などに植えられている植物の実を食べた鳥がやってきて糞（ふん）をすることで，糞に

★4 ――鳥類のように空を飛ぶ生物は，生息地の孤立化の影響を受けにくいようにも見える。しかし，高層建築物や高架化された道路などが，空を飛ぶ生物の移動を制約することは起こり得る。鳥が建物に衝突して落命した事故は多数報告されている。

含まれた種子から，住宅地や市街地に植えられた種類の植物が生えてくることも，都市の緑地では普通に見られる（「コラム 10-1」を参照）。

コラム 10-1 都市の林で増える植物，減る植物

都市の中にも，樹木がまとまって生えている場所がなお残っている。その中には，面積が数 ha から数十 ha にもなり，林と呼んでよいものも含まれる。しかし，そうした林も孤立化の影響を免れることは難しい。

いわゆるドングリ（**堅果**(けんか)）を実らせる木は，孤立化の影響を強く受ける。ドングリの運び手となるカケスやヤマガラなどの鳥類は，都市化の影響を受けやすく，都市の林ではほとんど見ることができない。同じく運び手となる**齧歯類**(げっしるい)も，都市の林では少なく，加えて地上を歩いて移動する生物であるため，林の外の市街地や道路を越えて移動することが難しい。したがって，同じ林の中でドングリが運ばれることはあっても，別の林までドングリが運ばれることは稀になってしまう。

風で運ばれる種子も，一度にはそれほど遠くまで飛ばない。道路や住宅地を越えて別の林にまで移動することは，ほぼ期待できない。親木が林の中にある間はよいが，枯れたり，伐られたりして林から親木がなくなってしまうと，よその林から種子が運ばれてくることはなかなか難しくなってしまう。運ばれにくい種子をつける植物は，人間が意識して残したり，増やしたりしてやらないと，都市の林から姿を消してしまう可能性がある。

一方で，家の庭や街路，公園等に人間が植える植物には，一部の鳥が好んで食べる液果をつけるものがある。これらの植物の果実は，都市に多いヒヨドリなどの鳥に食べられ，それらの鳥が林に移動して糞をすることで，中の種子が林にまかれ，そこで発芽して定着する。都市の林にアオキ，シュロ，ヤツデなどの芽生えが多く見られるのは，このような働きが原因である。外来の植物であるトウネズミモチも，このようにして都市の林で増えている。

(3) 周囲の土地が人工化されている

面積，植生，地形などの条件が似ている生息場所であっても，生息場所を取り巻く土地の状態によって，生息場所としての価値には差が生じる。例えば，面積や内部の条件は同じであっても，都心の樹林地より郊外の樹林地において樹林性の鳥類の種多様性が高いことが知られている。こうしたことが起こる理由について，**景観生態学**の観点から以下の 2 つが指摘されている。

①生息場所を取り巻く土地における，鳥にとっての移動のしやすさが関係している。都心（大半は市街地）と郊外（農耕地，住宅地，樹林地等が混在）とでは，移動のしやすさが異なり，移動しやすい場合には個々の生息場所が孤立していることの影響が緩和されて，種多様性が高まる（図 10-1）。10.1.2（2）で説明した生息場所の孤立化の程度は，生息場所間の距離が同じであっても，生息場所を取り巻く土地のあり方によって強まったり弱まったりする，ということである。

②生息場所を取り巻く土地にも鳥にとって有用な食物などの資源があり，それを利用している可能性がある。この場合，生息場所に生息する鳥が一時的にその外に出て資源を利用し，また戻ってくることができる。生息場所が狭く，その中で利用できる資源が限られてしまうという制約が，多少なりとも緩和される場合があることになる。生息場所を取り巻く土地におけるこうした資源の量は，都心においてより少ないであろう。加えて，①で挙げた移動のしやすさは，こうした資源の利用可能性をも左右する。

10.1.3　人間に管理された植生の特徴

都市の植生の多くは，緑地の内部にあるものも含め，人間が植えた植物に由来している。野外には普通生育しない園芸品種や，園芸目的で導入された外国の植物も多く含まれる。「10.3　都市に生きる生物の特徴」で詳しく述べるが，植物を利用する動物の中には，利用する植物の

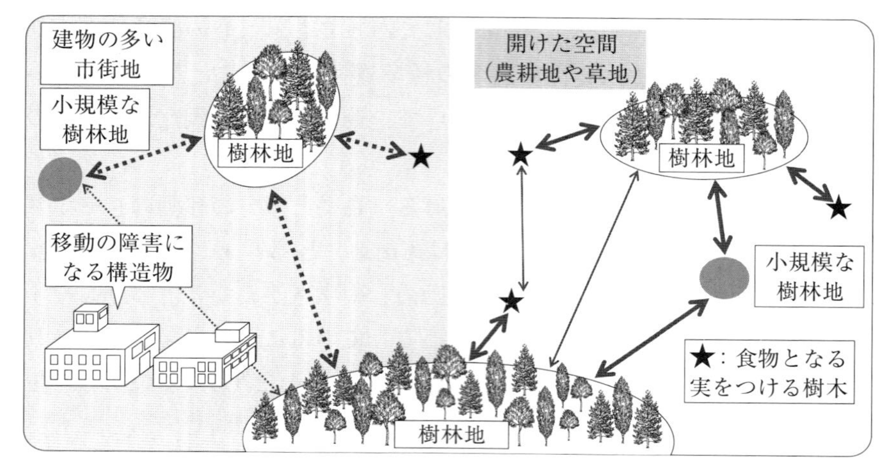

図 10-1　生息場所の周囲が人工化されていることの影響

農耕地などの開放的空間は鳥類の移動を妨げにくく，その中のパッチ状生息場所（図の中では樹林地）は孤立化しにくく多くの鳥類が利用できる（右）。市街地では建築物などが鳥類の移動を妨げるため，その中の生息場所は孤立化しやすく，鳥類相も貧困になりやすい（左）。矢印の形状は移動の容易さを示し，点線よりも実線が，細いものよりも太いものが，より移動しやすいことを示す。

種類をあまり限定しないもの（**ジェネラリスト**）もある一方で，特定の植物種のみを利用するもの（**スペシャリスト**）も少なくない。植物が多く植えられていても，それが在来の種類でなければ，元からその土地にいた動物が植えられた外来の植物を利用できないこともあり得る。

都市の植生の多くは計画的に植栽され，その後も人間により日常的に管理されている。植生の管理においては，生物の生息に関わる意義よりも，人間の休息やレクリエーションの場としての利用が優先されやすい。すなわち，人間が活動しやすい形に植生や個々の植物が維持されやすい。特に，人の視線を遮る，あるいは歩行の邪魔になる植物は嫌われる傾向

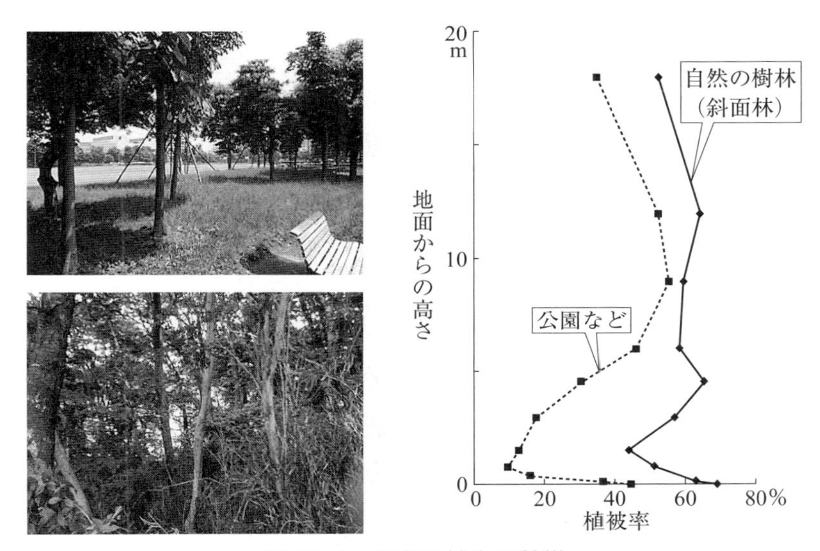

図 10-2　都市の植生の特徴

人間にとって快適で，人間の活動に都合が良いように管理するため，地表の部分（主に芝）を除いて低い位置からは植物体が取り除かれやすい（左上）。人間が管理を行わないと，光や栄養条件，撹乱の頻度が許す限り，多くの空間が植物によって覆われる（左下）。地面からの高さとその場所における植被率の関係を図にすると（右），都市の公園などでは地表から 35～300 cm の部分で植被率が落ち込んでいることがわかる。

が強い。その結果，低木や丈の高い草本植物が取り除かれ，人間の背丈前後の高さでは植被率が非常に低くなる傾向が，都市の植生においては顕著に見られる（図 10-2）。

第 5 章で示したように，植生の構造が発達しているほど，それを利用する動物の種類も多様である。したがって，都市で典型的に見られる植生と，人間の背丈前後の場所でもある程度以上の植被率が保たれている植生とで生物相を比較すると，後者においてより豊かな生物相が認められる。都市で人間の管理下にある植生に特徴的な構造は，動物にとってはあまり好ましくないと言える。

10.2　都市化に伴う生物相の変化

前節で述べたように，都市では人間の活動によって，人間以外の生物が利用できる資源が少なくなり，生息の妨げとなる物質やストレスは増大する。辛うじて生息場所となる土地も，その多くは狭く，相互に孤立していて，生息する生物の種類は限られる。そんな生物の生息にとって不利な状況は，生物多様性が高い地域から都市に向かって顕著になる。このように，都市化に伴って多くの生物にとっての環境条件が揃って悪化していく一連の変化を，**都市化傾度**と呼ぶ（図 10-3）。

生物の側では，環境の悪化に耐えられなくなったものから順に，生息できる生物種が，一つまた一つといなくなる。したがって，生物多様性は，都市化が進むに従って，あるいは生息場所の面積の減少や孤立度の増大に従って，徐々に低下していく★5。人為的な影響が強く見られる都市では，生物多様性は非常に低い。

このような形で生物多様性が変化する場合，より多くの生物種が見られる場所における**生物相**は，生物種がより少ない場所での生物相を含む。ここで生物相とは，ある時に特定の場所に生息している全ての生物の種の一覧を指す。場所ではなく個々の種の分布域に注目すると，より広い範囲で出現する種の分布域は，より狭い範囲でしか出現しない種の分布域を内包することがわかる。このようなパターンを，生物相の変化における「**入れ子構造**」と呼び，都市化に伴う生物相の変化の多くは，このパターンで説明できる（図 10-4）。

ただし，少数ではあるが，都市の環境条件を積極的に利用して，都市

★5 ――人為的な影響がわずかに加わった段階では，原生自然の地域を好む生物種がまだ生き残っているところに，生息場所の境界を好んで利用する種や，人手が加わって開けた土地で生活する種が侵入することで，人為的な影響が全くない場合と比べて生物多様性が高くなることがある。

都市化の程度	大 ←→ 小
生物にとっての資源	少 ←→ 多
ストレス	強 ←→ 弱
植生の改変度	大 ←→ 小
生息地の面積	小 ←→ 大
生息地の孤立度	大 ←→ 小

図 10-3　都市化傾度
都市化，すなわち土地被覆の人工化や人間活動が進むと，生物の生息に関係する様々な条件が揃って変化していく。条件の変化を個別に捉えるのではなく，都市化という大きな傾向に沿った一連の変化と考えることもできる。

をむしろ好むようにして住み着く生物種もある。このような生物が存在すると，上述の「入れ子構造」に当てはまらない形で生物相が変化する。都市化に伴って他の種が次々といなくなる中で，都市の環境条件を好む少数の種が，新たに生息するようになるからである。

McKinney（2002）は，都市化に伴うこのような生物相変化のあり方を踏まえ，生物種を 3 つのグループに分けた。すなわち，都市化に伴って姿を消していく**都市忌避種**，都市的な環境にも適応できることから郊外から都市にかけて幅広く生息する**都市適応種**，都市的な環境を積極的

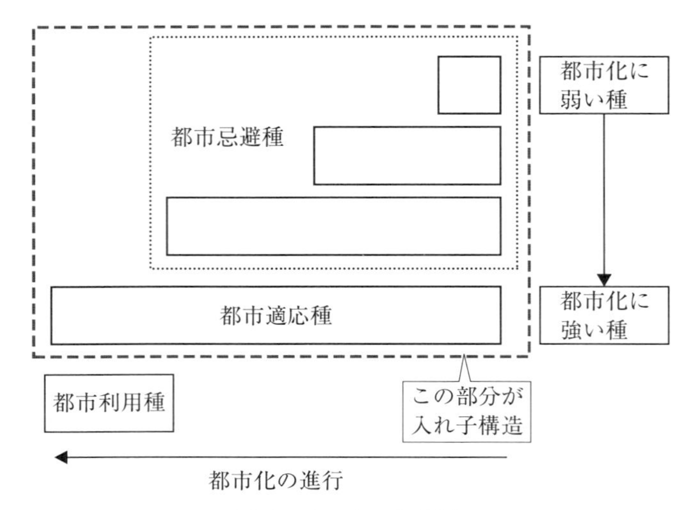

図 10-4　入れ子構造
図の長方形は，それぞれのグループに属する種が生息できる範囲を示す。都市化に弱い種の分布域は，都市化により強い種の分布域に含まれる。より多くの種が見られる場所の鳥類相は，より少ない種しか見られない場所の鳥類相を内包する。その結果，種組成の変化のパターンは図に示すような入れ子構造を示し，都市化の進行に従って，見られる種が減る。ただし，少数ではあるが，都市化された場所を好んで利用する種（都市利用種）も存在し，入れ子構造の例外となる。

に利用するため都市あるいは市街地でむしろ数が多くなる**都市利用種**である（図 10-5；「コラム 10-2」を参照）。

10.3　都市に生きる生物の特徴

都市での環境条件に耐え得る，あるいはそれを利用できる生物，すなわち都市適応種，あるいは都市利用種とされる生物は，多くの場合，ジェネラリストと呼ばれるものである。また，都市の生物においては，移入種が占める割合が高いことも指摘されている。

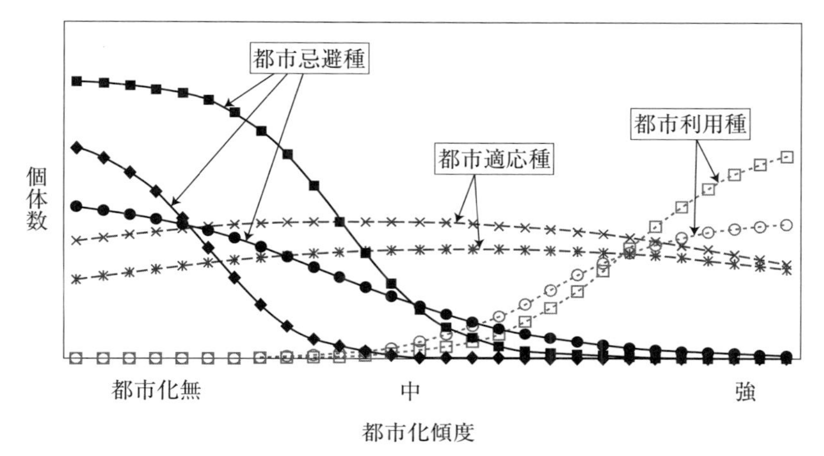

図 10-5　都市化傾度に沿った都市利用種，都市適応種，都市忌避種の増減の様子
都市化が進むと，都市忌避種（◆，■，●）は順に姿を消し，都市適応種（×，＊）は残存する。一方で都市利用種（□，○）は，都市化が進んだ場所でむしろ多く見られる。
出典：加藤和弘「都市の樹林地における鳥類の生息を規定する要因」，『都市計画』，59(5)，58-61，2010 の図 1

コラム 10-2　都市に適応した鳥（都市鳥）

都市化された環境をむしろ好んでいるように見える種（都市利用種）としては，ドバトとスズメを挙げることができる。中でもドバトは，人為的に供給される食物に依存する度合が高いことが知られている。公園や寺社で人間が供給する餌の量が多いほど，ドバトが増えるという報告もある。スズメも，人間が手を加えた場所を好んで利用する傾向がある。人間がいるところであれば，都市から農村，山村にまで広く生活する種であるが，何らかの理由で人間がいなくなってしまうと，その後スズメもいなくなってしまう（佐野，2005）。

都市化された環境にも耐えていられる種（都市適応種）としては，ハシブトガラスがよく知られている。住宅地や市街地で，ゴミ置き場を荒らして生ゴミを食べ散らかすので，都市の鳥と思われがちだが，本来は林の鳥である。そのため，市街地から郊外の林にまで広く見られ，都市適応種に分類される。同様に，郊外の林から市街地までの広い範囲に見られる鳥としては，ヒヨドリ，シジュウカラ，キジバトなどを挙げることができる（加藤，2005）。

10.3.1 ジェネラリスト

生物は，多様な資源の中から状況に応じて利用できるものを利用する種と，特定の資源の利用に特化した生活様式や身体の構造を持つ種に大きく分けられる。例えば，植物を食べる昆虫を考えてみる。モンシロチョウの幼虫は，キャベツやハクサイなど，アブラナ科植物の葉を好んで食べる。トノサマバッタはイネ科をはじめとする単子葉草本植物の葉を広く摂食し，オンブバッタのように多数の科の双子葉植物の葉を食物にできる種類もいる。この場合，モンシロチョウの幼虫は食物選択の幅が狭いスペシャリスト（**フードスペシャリスト**）であり，トノサマバッタやオンブバッタは食物選択の幅が広く，**フードジェネラリスト**としての性格を強く持つ。

多様な空間を生活に利用できる種と，特定の条件を備えたところしか利用しない種，という違いもある。例えば，草地で生活している鳥に注目する。その全ての種が，草地だけで生活しているわけではなく，一部の種は，近隣の裸地や低木林，高木林も利用して生活している。草地や，草地に近い条件を備えた農耕地に分布がほぼ限定されるヒバリやセッカなどの種は，草地のスペシャリストであるのに対して，低木や高木の種子などを食べるために近隣の林の主に林縁部も利用するカワラヒワや，礫（れき）河原や土の露出した畑など植生がないか疎らな場所でも食物を探すハクセキレイなどは，生息場所に関するジェネラリスト（**ハビタットジェネラリスト**）と位置づけることができる。

人間による活動が強く作用する場所では，食物についても利用空間についても，スペシャリストが減少し，ジェネラリストが増えることが普通である。これは都市化に関わる現象にとどまらず，農村景観の人工化や，外来植物の侵入による植生の単純化に際しても，ジェネラリスト種が優位に立つ場面が多いとされる。なぜジェネラリスト種が都市化によって優位になるのだろうか。

都市では，人間がその生活や生産に適した形に土地を変えてしまっている。また，人間の活動に由来する廃棄物が排出されることも多い。人間の活動に適した土地，人間の活動のために作られた空間や構造物を生息場所として利用できる生物や，人間による廃棄物を食物として利用できる生物は，都市でも生きていくことができる。ジェネラリスト種の多くは，そうできる可能性を持っている。

しかし，現存するフードスペシャリスト種の多くは，特定の単一または複数の生物種を食物とする。**ハビタットスペシャリスト**種のほとんどは，密に茂った薮，適切な条件を備えた樹洞（じゅどう），落ち葉に覆われ，その上を植被で覆われた地表など，人為的な作用を受けていないが，人為的に改変されやすい空間を生息場所とする。そのような食物や空間は都市化に伴って消失し，人間が代わりのものを作り出すことは少ない。そのため，これらの食物や空間を必要とする生物は，都市化が進んだ場所では生息し続けることができなくなる。

動物の食性から考えた場合はどのようであろうか。都市では植生に覆われる面積が狭まり，残るわずかな植生に対しては，管理が高い頻度で行われるので，植物の種類は限定され，人間が植える植物の割合が高くなる。そのため，特に在来の植物を食べるフードスペシャリストの昆虫の数が少なくなる。人間の生活にとって有害であったり，不快であったりする昆虫は，駆除されてしまうこともある。この結果，昆虫や，昆虫を捕食する動物もまた，都市で生きていくことは難しくなってしまう。一方，雑食性の動物や，人間が植えた植物でも食物にできる昆虫などは，人間由来の生ゴミを利用したり，人間が植えた植物の果実や葉，花蜜などを利用したりすることで，都市で生きていく機会をつかめるだろう。

営巣場所という観点では，建築物や人工構造物（電柱，鉄塔，橋脚など）にある隙間を営巣場所や塒（ねぐら）として利用できる動物は，都市で生きていける可能性がある。一方，地上に営巣する動物や地下に穴を掘って営巣する種は，都市における地面の舗装や建物による土地被覆，人や車両の頻繁な往来の下では，繁殖がきわめて難しいと言える。

したがって，幅広い資源を利用することができる種，つまりはジェネラリストの種には，都市で生きていくことができる可能性が生じる。これに対し，生きていく上で特定の資源が不可欠な種，スペシャリストの種にとって，そのような資源が残っていることが期待しがたい都市での生活は，大変厳しいものとなる。

10.3.2　移入種

移入種とは，もともとその種が分布していない地域に，人間がその種の個体や種子などを持ち込んだ結果，定着した種を指す。都市の生物の中で，**移入種**が占める割合は少なくない。

都市に生物を持ち込めば何でも定着するわけではない。既に述べたように，都市は多くの生物にとって生きていくのに厳しい場所である。外部から都市に持ち込まれる生物の中で，定着して増えることができるのはごく一部に過ぎない。ただ，持ち込まれる種が，上に述べたジェネラリストとしての性質を備えていたり，持ち込まれた先の土地条件が生活に適していたりする場合もある。そのような種が持ち込まれると，生活に必要な資源を確保できる上に，天敵となる生物が近隣にいないことが多いため，定着して数を増やすことがある。

ドバト（図 10-6；分類学的にはカワラバト *Columba livia* であるが，学術的な場を含めドバトと称されることが多い）はその代表と言える。家禽（かきん）化されたものが食用，愛玩用，あるいは伝書鳩として飼育され，世界の広い範囲に広がり，そのうち逃げたり放されたりした個体が野生化

図 10-6　ドバト（カワラバト）

したと考えられる。世界各地に分布しており，いずれの地域でも都市化，あるいは土地の人為的改変が進行した場所で個体数が多くなる傾向がある。

第 2 章や第 3 章で述べたように，生物相は気候条件や地形条件などに応じて変化し，結果として，それぞれの地域の条件に応じた多様な生物を見ることができる。しかし，このドバトのように，土地の本来の気候や地形によらず，都市化が進んだ場所で人工化された環境に適応し，人間が提供する食物や空間をうまく利用できる種が，人間によって分布を広げられ，広く世界各地で見られるようになることがある。この傾向が進むと，広く分布する特定の種ばかりで構成される生物群集が普遍的になるのではないかと懸念されている。このような現象を，都市化による**生物相の均一化**（biotic homogenization）と呼ぶ（McKinney，2006）。

引用文献

・加藤和弘『都市のみどりと鳥』朝倉書店，2005
・加藤和弘「都市の樹林地における鳥類の生息を規定する要因」，『都市計画』，59（5），58-61，2010
・佐野昌男『わたしのスズメ研究』さ・え・ら書房，2005
・McKinney, M. L., "Urbanization, biodiversity, and conservation", *BioScience*, 52, 883-890, 2002
・McKinney, M. L., "Urbanization as a major cause of biotic homogenization", *Biological Conservation*, 127, 247-260, 2006

参考文献

・唐沢孝一『都会の鳥の生態学―カラス，ツバメ，スズメ，水鳥，猛禽の栄枯盛衰』中央公論新社（中公新書），2023
・三上修『電柱鳥類学―スズメはどこに止まってる？』岩波書店（岩波科学ライブラリー），2020

11 人間による環境改変 2：農村の場合

《目標＆ポイント》 都市だけでなく，農業基盤や社会基盤の整備に伴う土地や水路の人工化が進んだ農村でも，生物多様性の低下が顕著に見られる。しかし一方で，伝統的な農法や土地管理の下で高い生物多様性が保たれてきた農村もある。本章では日本の里山を例に，どのようにして高い生物多様性が保たれてきたかを，ここまでに説明した内容を踏まえて紹介する。特に，以下の点に注目する。

- 里山の管理に伴って生じる撹乱が，生物多様性を向上させる。
- 里山は，多様な生息場所のモザイクである。にもかかわらず，同じ種類の生息場所が広く連続して存在する。
- 異なる種類の生息場所の間の移動が容易であることが，里山を特徴づける生物種の一部にとって，生息に必要な条件である。

《キーワード》 里山，植生管理，撹乱，生物の移動可能性，生息場所のモザイク

11.1 里山とは

かつて日本の伝統的な農村では，近くの林の産物が様々な形で利用されていた。木材は薪（まき）として，あるいは炭に加工されて燃料にされた。落葉・落枝も燃料とされ，また堆肥に加工されるなどして広く利用された。林に生育する植物や菌類の一部は，食用あるいは薬用とされた。通常，こうした林を維持するために，林木は十数年の周期で伐採されて**萌芽更新**され，生育期間中には，冬ごとに**下草刈り**や**落ち葉かき**が，またより

低頻度で**間伐**が行われた。

農村に隣接していて，日常生活や農業生産において利用され維持されてきた林は，**里山**（さとやま）と呼ばれる。「里」は人間が居住する集落の意であり，「山」は本来は地形的な高まりを指す用語である。しかし，日本で地形的な山はだいたいが林に覆われているため，日本語の「山」は時に「林」を意味する。里山とは，人間の居住する「里」の近くにあって，その生活や農耕を支えるように維持されてきた山であり，林★1である。里山に対して，人里から離れたところにあり，日常的には利用されない山は，**奥山**（おくやま）とされる。

近年，生物多様性の高い地域として里山が見直され，その保全が図られている。その際，里山だけでなく，里山を活用する住民が居住し耕作を行う農村も，里山と一体のものとして考えられるべきとの見方が定着している。農村に暮らす人々抜きでは里山の管理が成り立たないことに加え，農村を構成する集落や農地，ため池，用水路等においても高い生物多様性が認められ，さらに一部の生物は，里山，農地，用水路など，異なる種類の生物生息場所が同じ地域に揃うことで，初めて生息が可能になるからである。集落や農地，ため池，用水路など，毎日の生活と農耕を行う場を総称し，里山と対置する形で**里地**と呼ぶこともあるが，里地と里山の全体に対して里山の語を用いることもある。本章ではこれ以降，里地を含めて里山と呼ぶこととし，そのうちの林の部分を取り上げる場合には，里山の林と記述する。

なお，里山の林に限らず一般に，農業のための資材を供給する役割を持つ林を**農用林**，燃料を供給する役割を持つ林を**薪炭林**（しんたん）と呼ぶ。里山の林は，機能的には両方を兼ねていることが普通である。

★1 ――林のほか，飼料や燃料，堆肥の原料などに使われる草を刈るための草地が山中に維持されている例もあり，これも里山に含められる。

11.1.1　里山の生物多様性

伝統的な方法により今日まで維持されている里山においては，高い生物多様性が保たれており，多様な動植物が生息することが知られている。

里山の林は，定期的な伐採により，**植生遷移**が極相に至ることなく常に極相より前の段階に保たれている**二次林**である。それぞれの土地の気候ならびに土地条件によって，落葉広葉樹**萌芽林**★2，常緑広葉樹萌芽林，アカマツ林などの**相観**を持つ。これらの林では，植生遷移が進行して最終的に成立する極相林と比べて，植物の種類が多様であることが多い。例えば，落葉広葉樹萌芽林の林床には多様な**林床植物**が見られる。特に，高木の展葉前の早春に，豊富な陽光を利用して成長，開花，結実する林床の植物が特徴的である。カタクリ，ニリンソウ，アズマイチゲなどの草本植物がよく知られており，**春植物**とも呼ばれる。

水田，およびそれに付随する用水路やため池は，多様な**水生生物**の生息場所でもある。近年，用水路やため池の護岸や暗渠（あんきょ）化，埋め立て，また水田での農薬の使用や**乾田化**★3が進んだ結果，水生生物の生息場所としてのこれらの価値は損なわれ，以前は普通に見られた生物，例えばゲンジボタルやタガメといった昆虫類や，各種のカエルなどの両生類の個体数の減少や分布の縮小を招いている。

里山は人為的に管理されながら多くの生物が生息する土地，いわゆる**半自然の土地**ではあるが，原生自然が保たれている土地と同じように，生物多様性の保全の上で重要なものと言える。人間の手が少しでも加わった土地は，そうでない土地と比べて生物の生息場所としての価値は

★2 ——萌芽が成長して生じた高木を主体とする林を萌芽林という。

★3 ——水田のうち，作物の栽培のために湛水（たんすい）する必要がない時期には水を抜いて乾かすことができるものを乾田，そうでないものを湿田という。湿田では，土壌中の酸素が乏しくなって，作物の生育を阻害する硫化水素などが発生しやすくなる。また，土地が軟弱になりやすく，農業機械の導入を妨げることもある。収量や作業効率の点で優れる乾田であるが，水生生物の生息場所としては好ましくない。例えば，湿田であれば生息（越冬）できる止水性のトンボの幼虫は，冬の間には水を抜いてしまう乾田では生息が難しい。

高くないと見られがちだが，この考えは必ずしも正しくない。人間の手がある程度加わった土地において高い生物多様性が見られる現象は，伝統的な農法や土地利用法が維持されている海外の農業地域においても珍しくない。半自然の土地における生物多様性保全の重要性は，今日，日本だけでなく世界各地で認められている。

11.1.2　里山における景観の構造

今日残存する里山の多くは，台地または丘陵地にある。低地にあったものは，都市化や，農業の集約化・高度化によって，ほぼ失われてしまった。日本の台地や丘陵地には，通常，侵食による谷地形が刻まれている。この谷のことを**谷戸**（やと）あるいは**谷津**（やつ）などと呼ぶ。今日残存する里山は，地形的には，この谷と，谷に挟まれた尾根の組み合わせにより構成されている。

一般的な里山では，谷底の平坦地，すなわち**谷底平野**（こくてい）は水田となる。谷戸田（やとだ），谷津田（やつだ）などと呼ばれる水田がそれである。一方，谷の斜面（**谷壁斜面**（こくへき））や尾根は，林で覆われている（図 11-1）。谷底平野の両側，谷壁斜面の基部に当たる部分には，水路があることが多い。この水路を掘り下げたり，水田に水を取り入れる部分でせき止めたりして多少手を加えた上で，水田の用水路や排水路として利用している。谷底平野の中央部に水路が存在することもある。

水田の周りの畔（あぜ）は草地となるが，これは**畦畔草地**（けいはん）と呼ばれ，日当たりのよい，やや湿った土地を好む草本植物が生育する。谷壁斜面の基部は，水田への日当たりを確保し，あるいは水田や水路での作業を容易にするために，刈り払いが定期的に行われて，草地として維持されることが多い。それらは**裾刈り草地**（すそがり），あるいは**穴刈り草地**と呼ばれ，林を好む草本植物と草原を好む草本植物が混在しやすい。谷の源頭部は湿地となり，湿生植物群落が見られるか，あるいは水をせき止めてため池が作られて

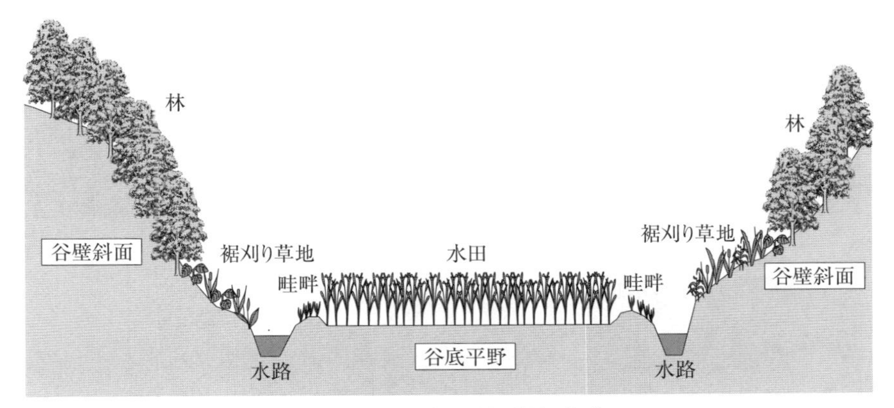

図 11-1　里山の谷（断面図）

いる。このように，里山には水田，林，水路，ため池，湿地，草地といった多様な植生，多様な生物生息場所が見られる（図 11-2）。

11.2　里山の生物多様性が高い理由

11.2.1　生物生息場所の多様性

前述したように，里山においては地形に応じて多様な植生が見られる。それぞれの植生に対応した動物相が成立することで，里山の中に多様な生物生息場所が形作られる。生物生息場所の種類が異なると，そこに見られる生物相も異なることから，多様な生物生息場所を支えている里山全体としては，非常に高い生物多様性を示す。

地形だけでなく，人間による植生管理も生物生息場所の多様性を高めることに寄与している。里山の斜面や尾根の植生を放置しておけば，植生遷移が進行して，同じような種組成と構造をもった林となる。しかし，毎年場所を変えながら部分的な伐採を行い，これを十数年周期で繰り返すことで，どこかに草地，あるいは若い林といった遷移の初期段階の植

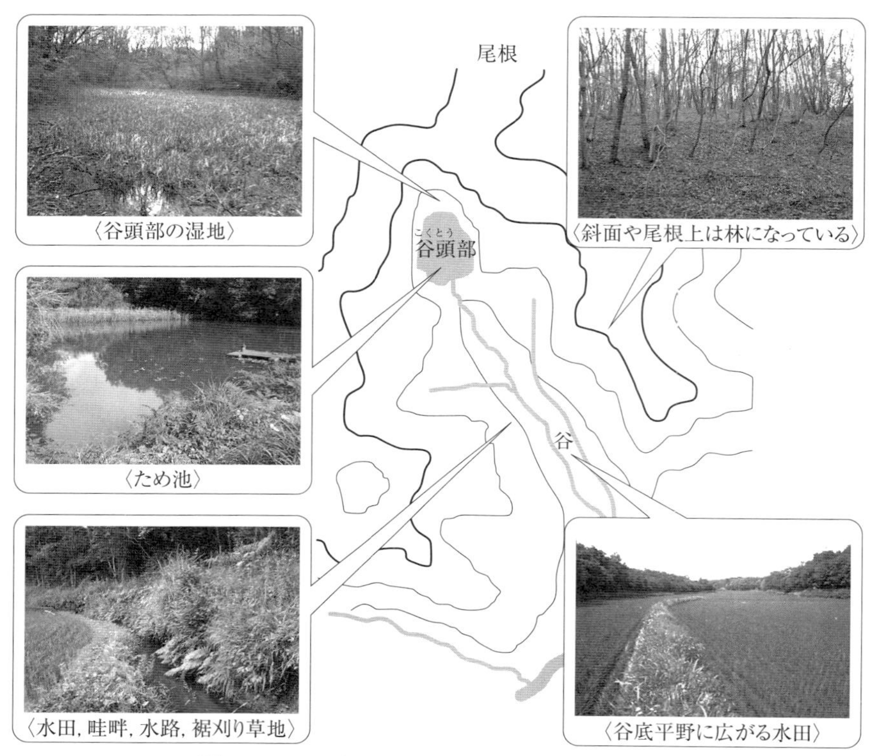

図 11-2　里山における多様な生物生息場所

生が維持される★4。その結果，植生遷移の進行によって失われやすい遷移の初期段階の植生を特徴づける植物種や動物種も，里山の中で個体群を維持することができる（図 11-3）。

斜面基部や水田の畔の草地，さらには水田やため池も，人間が維持管

★4 ――ただし，このような形で林の植生が管理された場合，いずれの木も若いうちに伐採されてしまい，樹洞（じゅどう）性の動物の生息場所となるような樹洞を形成する老齢木は生じない。したがって，樹洞や老齢木を生息の場とする種にとって，里山の林は生息適地とは言えない。密生した薮を好む動物にとっても，下草が刈り払われ，落ち葉は集められてしまう里山の林は好ましくない。人里から離れた奥山や，人里近くであっても宗教的な見地から伐採が行われず，うっそうとした林が維持されてきた場所，つまり神社や寺院の林が，こうした生物の生息のための場所となる。

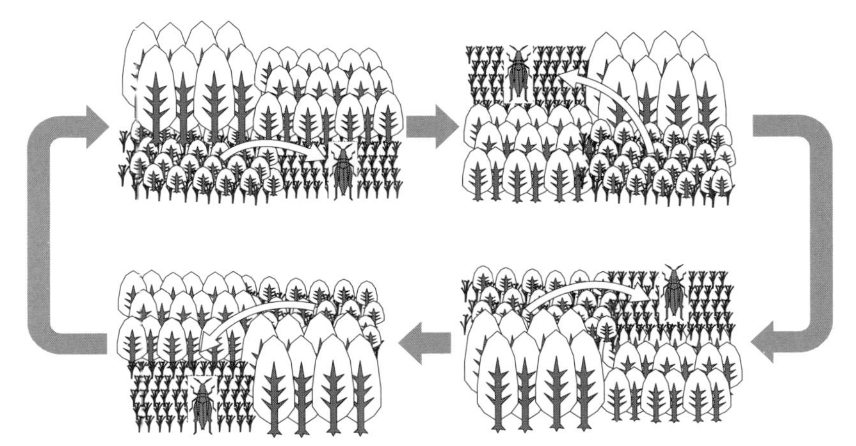

図 11-3　植生管理によって作り出される異なる遷移段階の植生のモザイク
部分的な伐採を場所を変えながら行うことで，遷移段階が異なる植生が混在している。それぞれの部分で植生遷移が進行するが，ある程度遷移が進んだ場所では伐採が行われ，植生遷移の最初の段階に戻されてしまう。そのため，どの時期においても遷移段階が異なる植生が混在する状況が維持される。全体が同じ遷移段階になる形で植生遷移が進行すると，遷移初期の植生（この図では草地）がどこにもない状態が長く続くため，そこに生息する動物（この図ではバッタ）の生息場所もなくなってしまうが，伝統的な里山の林の植生管理の下では，そうならない。

理を継続して行わない限り，植生遷移が進行してそれぞれの自然立地条件に応じた林などへと変化してしまう。水田での耕作や草地での草刈り，水路やため池の浚渫（しゅんせつ）・補修★5により，植生遷移の進行が妨げられ，草地や水域が維持されるのである。

★5 ――毎年冬に，崩れて水路にたまった土を掘り出して畔に盛る作業を行うことで，水路が維持される。畔道は細く，また構造的にも弱いため，土木作業用の機械を入れることができない場合が多く，人力に頼って行われるこの作業は大変な重労働である。ため池も，毎年ないし数年に一度，冬の間に水を抜き，たまった泥の浚渫や水をせき止める堤防の補修を行って維持されてきた。水路の護岸や U 字溝化，ため池の堤防表面のコンクリート化で，水路やため池の管理の手間を大きく減らすことができる。こうした改変が，水域を利用する動物にどのように影響するかは，後述する。

11.2.2　人間による適度な撹乱

人間による利用や管理が，個々の生息場所における生物の種多様性をもたらす仕組みとして，撹乱を起こして優占種を排除し，それ以外の種に生息のチャンスを提供する，というものがある（第8章）。

例えば，林に特に手を加えずに放置した場合には，特定の優占種が林の植物群落の下層，すなわち低木層や草本層を独占的に占有し，他の植物種を生育させないことがしばしばある。今日残っている里山の林が放置された場合は，ササ類や各種の低木（高木にまで成長する種の稚樹を含む）が下層において優占することが多い。里山の林では，冬に行われる下草刈りや落ち葉かきなどの植生管理を通じて下層における優占種が刈り払われ，切り開かれた場所には他種の植物も生育できるようになる（図11-4）。また，人間が落葉・落枝を除去することにより，土壌の富栄養化の防止や発芽適地の確保が図られ，植物の種多様性の増加に結びついているとも言われている。

農地の近隣においても，畦畔草地，裾刈り草地など，適度な人為的干渉の下で農地に隣接して成立する半自然草地や，農業用水用のため池に認められる水生植物群落は，植物の種多様性が高いことで知られている。水田では，除草剤が施用されない限り，農業従事者によって除去されながらも多様な「**水田雑草**」が生育し，ある種の湿生植物群落の様相を呈する。

11.2.3　異なる種類の生息場所の間での生物の移動可能性

里山において多様な生物種が生息できる要因として，地形に応じた土地利用や人間の管理の結果形成された多様な生息場所から構成されていること，および，適度な人為的干渉により個々の生息場所の生物多様性が高いことを挙げた。しかしそれだけでは，里山における高い生物多様

図 11-4　定期的な植生管理がなされている林（左）**とそうでない林**（右）
冬の間に下草刈りが行われても，次の春には林床では多くの植物が育ち始める。何年にもわたって下草刈りを行わないと，林床にはネザサ類や常緑樹の実生・稚樹が繁茂して，丈の低い植物や地表近くに広がった葉には，光が当たらない状態になる。

性の理由としては完全ではない。里山が生物の生息空間としてその本来の機能を発揮するためには，多様な生息場所が単に隣接して存在するだけではなく，異なる種類の生息場所の間で生物の個体の行き来が必要に応じて可能なことが必要だからである。

一生の間に複数のタイプの生息場所を利用しなければならない種や，日常の生活の中で，例えば採食と営巣とで異なったタイプの生息場所を利用する種にとって，その種が必要とするタイプの生息場所が全て存在し，かつその間での移動が容易に可能であることが，その場所で持続的に個体群を維持していく上で不可欠である。このような生物の例としては，以下のようなものが挙げられる。

- 採食場所として，農地やそれに付随する草地，水路等を利用し，塒（ねぐら）や営巣場所には林を利用する動物。キツネなどの中型哺乳類や一部の猛禽（もうきん）類，サギ類など。
- 幼虫期と成虫期で生息場所が異なる昆虫。水中で幼虫期を過ごし，成虫の間は陸上・空中で過ごすトンボ類やゲンジボタル，ヘイケボタルなど（「コラム 11-1」を参照）。

・水辺を必要とするカエル，イモリなどの両生類。

・幼虫期は林で，成虫期は林縁や草地で過ごす一部の蝶類。

農地やそれに付随して存在する草地や水域と林の間，あるいは水域から陸上への移動が可能であることが，これらの生物にとっての重要な生息場所として里山を機能させている。

例えば，猛禽類の一種であるサシバは，里山の林に営巣し，繁殖期の半ばまでは水田や畦畔でカエル等を主に採食する。サギの仲間のミゾゴイも里山の林で繁殖し，食物の一部を水田でとる。どちらの鳥も，個体数の急減が今日指摘されている。こうした生物にとっては，必要な生息場所が一通り揃っていて，かつ，それらの間の移動が円滑に行えることが，生活史を完成させるための条件となる。そのため，個別の生息場所が良好な状態であれば生存できる種と比べて，環境の変化の影響を受けやすい。

サシバの食物として重要なカエルをはじめとする両生類にとっては，水域と陸域の間の移動可能性が特に重要である。早春にも水がたまっている水田（湿田）や用水路で産卵が行われる。産まれた卵はやがて孵化（ふか）し，オタマジャクシと呼ばれる幼生は水域において成長する。やがて大きくなった個体は，用水路の岸や水田の畦畔を登って陸に上がり，以後は陸上で過ごす時間が長くなる。産卵，孵化，上陸という一連の過程が支障なく行われるためには，水域と陸域の間をカエルが自由に移動できることが不可欠となる。

これらの生物は，いずれも里山でなければ繁殖あるいは生息できないわけではない。しかし，里山を維持することが結果として彼らの生息にきわめて適した条件を作り出してきたことは間違いない。里山が維持さ

コラム 11-1　ゲンジボタル

ゲンジボタルは，コウチュウ目ホタル科に属する昆虫の一種である。河川や湿地などの水辺に生息し，成虫は発光器を持つことでよく知られる。夜間に発光によって交尾相手を探し，交尾を終えたメスは水辺のコケに産卵する。幼虫期は水中で過ごし，巻き貝のカワニナ等を食物として成長する。水際の陸上で土に潜って蛹化（ようか）し，成虫になって初夏に地上に出てくる。

このような生活史から，ゲンジボタルが同じ場所に生息し続けるためには，幼虫の生息が可能な水域，蛹化の場となり得る土の岸辺，羽化した後，日中に身を隠すための植被，産卵の場となる水際のコケの生えた湿った場所が，全て揃っていなければならない。谷底平野の水田と谷壁斜面の林の間に幼虫の生息に適した水路が位置することが多い里山は，この条件を満たしており，実際ゲンジボタルが多く生息していた。

このほかに，ゲンジボタルの生息に有利に働く里山の特徴として，谷頭に近く水がきれいであること，水路周辺に植被が存在すること（成虫が日中を過ごす場となるほか，水路に落葉を供給することにより，カワニナの生息に有利に働く）なども挙げることができる。

近年の里山では，用水路に護岸が施されたり，暗渠化されたりする事例が増えている。護岸が施されれば，孵化した幼虫が水路に移動したり，成長した幼虫が蛹化のために陸に上がったりすることができなくなる。用水路の周囲が乾いて，産卵に適当な場所がなくなってしまうことも懸念される。用水路が暗渠化されれば，幼虫が住める場所が失われてしまう。実際，圃場（ほじょう）整備により素掘りだった用水路に護岸が施された場所で，ゲンジボタルがほぼいなくなってしまった例も報告されている（Katoh ら，2009）。

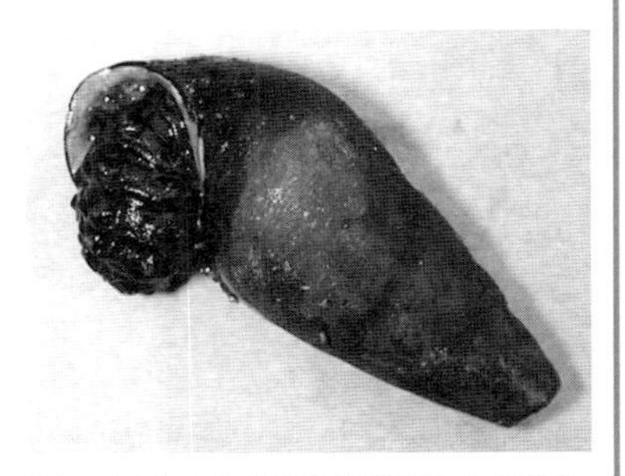

図　カワニナの殻に潜り込んだゲンジボタル幼虫

この時点でこのカワニナの体はほぼ食べ尽くされていた。

れることで，農地やそれに付随して存在する草地，水域，および林の全てが生物の生息空間として健全な状態で維持され，さらには，それらの間で相互に個体の移動が可能となる。里山の生物多様性は，多様な生息場所が組み合わさって存在すること，つまり，多様な生息場所のモザイクであることに加えて，異なる種類の生息場所の間の連結性（動物の移動可能性）が確保されていることにより保たれているのである。

11.2.4　同種の生息場所の連続性

すでに繰り返し説明したように，里山には多様な生息場所が存在する。一つの地域に多様な生息場所が存在する場合，個々の生息場所は小さく断片化して，孤立性の高い小面積の生息場所ばかりになってしまうのではないか，と懸念されるかもしれない。**第９章**の内容を思い起こしていただければ，そのような生息場所の**孤立化**や**分断**は生物にとって好ましくないことは明らかである。

実際の里山では，多様な生物生息場所が見られるからといって，個々の生息場所の分断，孤立化が進んでいるわけではない。林は，連続した尾根とその両側の斜面を覆うようにして維持されており，水田や水路は連続した谷沿いに広がっている。地形に対応した土地利用を行うことにより，結果として，それぞれの種類の生物生息場所は空間的に連続した状態で，したがって孤立化や分断を免れた状態で維持されてきた（図11-5）。魚類や両生類など，水域に生息する生物にとっては，河川，用水路，水田，ため池などの生息場所が，相互に移動可能なネットワークを構成していることが，生活史を完結させる上で必須であることが少なくない。伝統的なやり方で管理されてきた里山においては，このような形での水域のネットワークも機能している。

図 11-5　同じ種類の生息場所が連続している例

林に覆われた尾根部と，主に水田として利用されている谷部との違いは明瞭である。尾根には林，谷には水田・水路という土地利用の基準が維持される限り，林も水田・水路もそれぞれ連続した状態が保たれ，それぞれに対応する生息場所の孤立化，分断は起こりにくい。この写真の土地では，尾根の一部が切り開かれて草地などに変えられている。こうした変化が広がると，林の連続性は損なわれる。

出典：Image © 2015 DigitalGlobe

11.3　里山は現在どうなっているか

11.3.1　里山の林はどう変わったか

日本では1960年代以降，日常生活や農業生産におけるエネルギー利用の形態が画期的に変化した。里山の林からの燃料や肥料に代わり，化石燃料と化学肥料が流通した。このため，里山の林を積極的に管理する必要性が失われてしまった。林での植生管理が行われなくなると，放置されたこれらの林では植生の変化が起こり，生物の種多様性が低下した。

植物の場合は，下草刈りや落ち葉かきなどの植生管理によって生育を抑制されていたササ類や低木が，植生管理が放棄されるとともに成長し，低木層や草本層において優占した。その結果，地表付近は暗くなり，光を巡る競争で不利な立場に置かれた草本植物が消失した。下草刈りや落ち葉かきの際に，刈り取られた植物体や集められた落葉・落枝が林外に持ち出されることで，林内の土壌への養分の蓄積が進まなかったが，それがなくなったため，土壌の富栄養化も進み，このこともまた植生の下部における植物の繁茂を促進していると見られる。さらに，伐採直後の開けた場所が少なくなってきているほか，場所によっては竹林が拡大して問題になっていることもある（「コラム11-2」を参照）。

伐採が行われなくなったことで新たな草地的環境が作られなくなったことの意味も大きい。伐採後しばらくの間は，植生遷移の初期の段階である草地や低木群落の状態が続き，そうした開けた場所を好む生物の生活の場となっていた。場所を変えながら伐採が繰り返されていたことで，近隣のどこかに開けた場所が存在し，そのことが開けた場所を好む生物が住み続けることを可能としていた。伐採が行われなくなったことで，遷移初期段階の植生が新たに作られることがなくなり，開けた場所を好む生物の住み場所もなくなっていると懸念される。

コラム 11-2 竹林

竹林は古くから日本にあった植生である。材としての竹は様々な工芸品に加工され，また春に生えるタケノコは食用とされて親しまれてきた。しかし近年では，竹材や竹製品，タケノコの輸入の増加に伴い，管理されずに放置される竹林が増えている。タケは地下茎を周囲に伸ばし，その先に新たな稈（かん）（樹木の幹に当たる部分）を作る。その結果，既存の竹林の周囲の土地にタケが侵入し，他の植物を打ち負かして竹林が広がっていく事例が，各地から報告されている。

日本に生えるタケは，主にマダケとモウソウチクの2種類である。マダケは昔から日本に生えていた種類で，モウソウチクは中国原産である。現在は，モウソウチクの方がマダケよりも多く生育している。いずれの種の林でも，林内にはタケ以外の植物が非常に少ない。竹林の上層部ではタケの枝葉が密生しており，林の内部は他の林と比較して暗い。そのため林内で発芽しても，光が不足して枯れてしまう。しかし，タケノコは，地下茎を通じて周囲の親個体から栄養分を受け取ることができるので，光がほとんどないところでもどんどん伸長する。その結果，タケばかりでほかの植物がほとんど見られない林ができると考えられる。

図　竹林の内部

林冠は枝葉で密に覆われるため，その下は暗く，タケ以外の植物はほとんど見られない。地表には落葉が厚く堆積しており，これが他の植物の発芽を妨げる働きをするとも言われている。

11.3.2　農地や水路はどう変わったか

農地，とりわけ水田の維持管理のあり方の変化も，里山の生物多様性に大きな変化をもたらしつつある。かつて，湿田として維持されてきた水田は，自然の湿地に似た性質をある程度残していたため，湿地を生息場所としていた生物の多くが，水田で生息することができた。ところが近年，水田の湿地としての性質を損なう乾田化（p.181の脚注３を参照）や，用水路から周囲の陸域への生物の移動を極度に制約する護岸工事あるいはU字溝化（図11-6），用水路に生物を事実上住めなくしてしまう暗渠化など，水田やそれに付随する水域で生物が生息しにくくなるような変化が起こっている。農薬の投入も続けられている。これらは，稲作の場としての水田の管理を容易にするためのものであるが，一方で里山の生態系を大きく損なってもいる。

かつては，多様な湿生植物がイネに混じって水田に生育し，水田雑草として嫌われていた。除草剤の投入や水田管理の方法の変化に伴い，各地の水田で普通に見られた植物種のうちの相当数が，今日では絶滅が危惧される状況になっている。シダ植物のデンジソウ，サンショウモ，アカウキクサ，トチカガミ科のミズオオバコ，スブタなど，多数を挙げることができる。

水田管理の方法の変化としては，乾田化の影響が大きいとされる。乾田化に伴い，早春にも水がたまっている水田や用水路は少なくなり，カエルなどが産卵できる場所も減ってしまった。水生昆虫の越冬にも影響しているという。

用水路の人工化も大きな変化と言える。オタマジャクシが大きくなっても，用水路に護岸が施されたりU字溝化されたりしていれば，その壁を登って上陸することは難しくなる。カエルが減少してしまえば，それを捕食するサシバなど，上位の捕食者の生存にも影響を与えかねない。

水路の暗渠化が進み，水田と水路の間を水中の生物が自由に移動できない状況も生じている。一部の魚類は，まだ若い時期には水田で成長し，大きくなったら水路に出て，さらに河川へと移動する。用水路が，河川

図 11-6　昔ながらの素掘りの水路（左）**と U 字溝化された水路**（右）
見た目にはほとんど違いがないように見えるが，右の水路は，断面が U 字形をしたコンクリート材を埋め込んで溝に仕立てている。この壁面を登るのは，小動物にはかなり困難である。

と水田の間の魚類の移動路として機能しなくなると，魚は河川で産卵し，稚魚もそこで育つことになるが，水田よりも捕食者が多く，また増水時には容易に流されてしまうこともあって，稚魚にとっては厳しい状況になってしまう。

過疎化や少子高齢化に伴う働き手の減少と高齢化が，農村でも急速に進行している。そして，廃村や限界集落があちこちで生じつつある。こうした状況の下，農業や土地管理にかかる労力を削減しつつ農業生産を維持したいという要望は切実である。一方で，その要望にのみ目を向けてしまうと，里山においてこれまで維持されてきた高い生物多様性は失われかねない。

農村が衰退し，管理されなくなった林や耕作放棄された農地が増えた結果として，奥山を本来のすみかとするクマ，シカ，イノシシ，サルなどの大型，中型の哺乳類が，管理が放棄されたこれらの土地を経由して，人間の日常生活圏に侵入する例も増えている。農耕地を荒らすだけでなく，人間に直接害をなす個体も現れ，野生動物と人間との間の軋轢（あつれき）が大きな問題となっている。アライグマ，ハクビシンなど，里山に住み着き，人間の生活や営農に無視できない影響を与える外来生物も増えている。こうした状況から，野生動物の捕殺を積極的に行うべきだという意見が強まり，野生動物の保全を図るべきだという意見と対立することも増えている。

高い生物多様性が維持されてきた里山において，今後も生物多様性を維持することは，重要な，しかし困難な課題となっている。本稿執筆時点で，この問題に対する有効な方策はなお見つかっていない。

引用文献

・Katoh, K., Sakai, S., Takahashi, T., “Factors maintaining species diversity in *satoyama*, a traditional agricultural landscape of Japan”, *Biological Conservation*, 142, 1930-1936, 2009

参考文献

・亀山章・編『雑木林の植生管理』ソフトサイエンス社，1996
・武内和彦，鷲谷いづみ，恒川篤志・編『里山の環境学』東京大学出版会，2001
・日本生態学会・編『里山のこれまでとこれから』文一総合出版，2014
2024 年 3 月 29 日現在，日本生態学会の Web サイトより全文ダウンロード可能。
http://www.esj.ne.jp/esj/book/ecology07.html
・樋口広芳『日本の鳥の世界』平凡社，2014
・加藤和弘，谷地麻衣子「里山林の植生管理と植物の種多様性および土壌の化学性の関係」，『ランドスケープ研究』，66(5)，521-524，2003

12　人間による環境改変３：河川の改変とその生物への影響

《目標＆ポイント》 河川とそこに生息する生物もまた，人間の活動によって大きな影響を受けてきた。河川に影響を及ぼす要因としては，水質汚濁や富栄養化，酸性化などが注目を集めやすい。これらは，河川を流れる水の中に，自然の現象では考えられない量や種類の化学物質が人間により排出された結果である。しかし，そのような変化だけが河川の生物に影響を与えるのではない。本章では，河川の生物にとっての環境において，何が重要な要素であり，その要素の状態の違いが生物にどのような影響をもたらすのかを紹介する。

《キーワード》 河川，水質，流速，堆積物，川岸の状態

12.1　河川における主な生物

人間活動が河川の生物に与える影響を説明するにあたり，そもそもどのような生物が河川に生息しているのかを，まず確認しておく。

河川において**生産者**の役割を果たすのは，主に水中に生育する高等植物（いわゆる**水生植物**，水草）と**付着藻類**である（第６章）。河川の水中にある礫（れき）などに光合成が可能な強さの太陽光が到達すれば，その表面は付着藻類の生育場所（付着基盤）となり得る。ただし，藻類が付着していた礫などが水流によって動き，さらに他の物体と衝突した時の衝撃や摩擦で，藻類がそれらからはがれてしまうことがある。水流の影響を強く受けず，かつほとんど動かない物体であれば，安定した付着基盤となる。

水域における生産者といえば，**植物プランクトン**を思い浮かべるかもしれない。プランクトンと言われるものは，遊泳能力をほとんど持たないか，あるいは全く持たずに水中を漂って生活する生物である。したがって，付着生活をする藻類はプランクトンではない★1。河川の場合は水流があるために，遊泳能力のない生物が同一場所にとどまって，生活史を全うして子孫を残すことは容易ではない。流れの速い日本の河川では，なおさらそうである。河口域などの流れが緩く，時には潮の影響で逆流することもあるような場所や，ダム湖のように長時間にわたって水が滞留する条件の場所では，植物プランクトンが生育できる。

河川における**消費者**としては，川底付近を主要な生息場所とする**底生無脊椎動物**がまず挙げられる。それらには，付着藻類を摂食する種や，他の底生無脊椎動物あるいは小型の**魚類**までも捕食する種がいる。底生無脊椎動物の中には，陸上から供給されるものも含めて落葉・落枝などの**植物枯死体**を摂食するものもいる。

底生無脊椎動物の主な生息場所としては，川底の礫や砂泥の表面，礫の隙間，砂泥の中，水中に張り出している陸上植物の根や葉の間を挙げることができる（図 12-1）。底生無脊椎動物たちは，固い物体の表面を這い回ったり，吸盤などで貼り付いたりし，あるいは柔らかい砂泥の堆積物に穴を掘って潜っている。水中にまで伸びた陸上植物の根や葉の間で，植物に止まったり，間を泳いだりしている個体もある。

礫の表面を利用する動物の場合，礫が積み重なってできた隙間を好む傾向がある。水流が適度に緩和される，捕食者に見つかりにくくなるなどの利点があるためと考えられる。川底の礫を拾って底生無脊椎動物を観察すると，礫の表側よりも裏側に多くの動物個体が認められることが多い。このような隙間ができる石は，川底に完全にはまり込んではおらず，周囲の礫などとの間に水が入り込む隙間がある。こうした石のこと

★1 ――ただし，同一の種がプランクトンとしても付着藻類としても生育することはある。

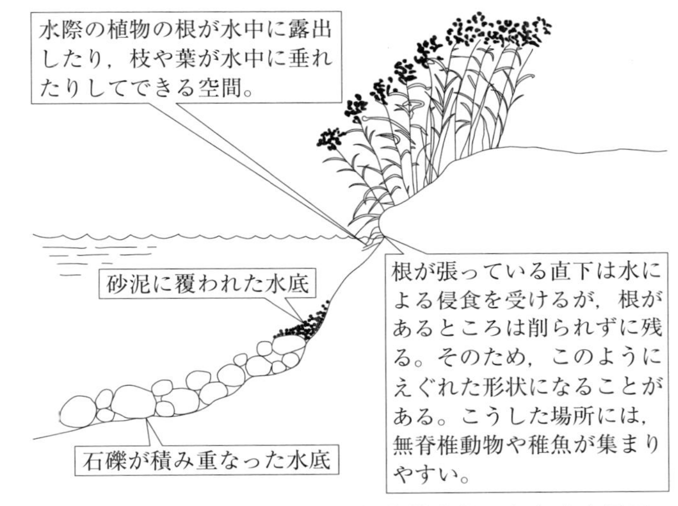

図 12-1　河川における底生無脊椎動物の主な生息場所

図 12-2　「浮き石」（左）と「はまり石」（右）

を「**浮き石**」と称する。あるいは，そのような形で礫が堆積している川底のことを浮き石と呼ぶこともある。これに対し，川底に砂泥が堆積していて，その中に埋もれている礫の場合は，礫の側面や裏面が砂泥に覆われ，動物の生息に適した隙間ができない。このような石を「**はまり石**」とか「**沈み石**」と呼んでいる（図 12-2）。

このほか，魚類，**両生類**，一部の**哺乳類**は，生活史の全てないし一部を水中で過ごす。鳥類の中にも，河川の水中で捕食を行うものがいる。

河川には，付着藻類以外にも多くの微生物が生息している。原核生物である**細菌**の仲間は，河川の水中や川底の堆積物中に多数生息する。堆積物や水生植物の表面などには，真核生物である**真菌類**（カビの仲間）が付着している。細菌は付着藻類に先だって砂泥や礫，水生植物などの表面に定着し，その後に藻類が付着し増殖することが多い。

いわゆる**原生生物**の仲間も，河川の水中に普通に生息している。ゾウリムシやラッパムシ，ツリガネムシなどが属する**繊毛虫**類や，**アメーバ**の仲間，**ミドリムシ**類，**鞭毛虫**（べんもう）類などが知られている（図 12-3）。

以上は，河川の水中を生息場所とする生物であるが，これら以外に河川の水辺を生息場所とする生物が多数生息している。本章では，河川の水中の現象を取り扱うこととし，水辺の生物についてはこれ以上触れない。

12.2　河川の生物の生息に影響する条件

河川の生物群集に影響し得る環境条件は，以下のように大きく６つにまとめることができる。水の物理性・化学性（特に溶存気体や溶存塩類の濃度）に関わる条件，水の流れに関わる条件（特に流量，流速，川底の堆積物の性状），川岸の状態，隣接する陸上部分の条件，水系あるいは流域全体における広域的条件，そして各生物個体と関わり合う他生物などの条件である。河川の場合，人為的に引き起こされる水質汚濁や富栄養化がもたらす水の化学的な条件の変化が，生物に特に大きな影響を与える。高度成長期およびその後しばらくの間は，水質汚濁が特に顕著であったので，それ以外の条件にまではなかなか人々の目が向けられないこともあった。しかし実際には，人間の活動は様々な形で河川の生物

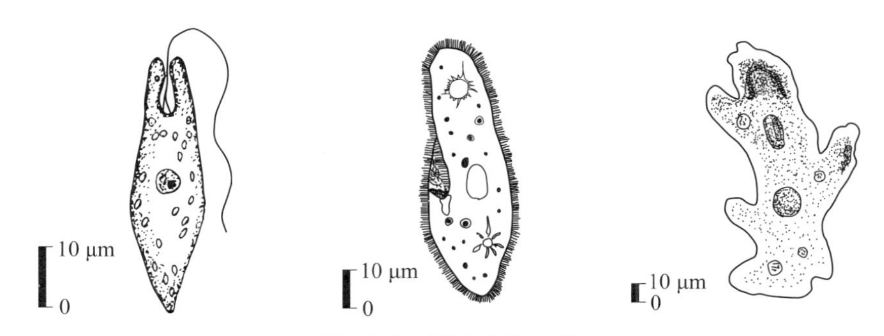

図 12-3　原生生物の例
左より，ミドリムシ，ゾウリムシ，アメーバ。バー（スケール）の長さは 10 μm だが，大きさには変異が多い。

に影響を及ぼしている。以下，上に挙げた 6 つの分類のそれぞれについて順に説明する。

12.2.1　水の物理性や化学性に関わる条件

これらは古くから最もよく研究されてきた環境条件である。人間活動に起因する物質が河川に流入することによって，流水の物理性や化学性が変化し，水が生物の生息（そして人間による水利用）に適さない状態に変化することは普通に見られる（「**コラム 12-1**」を参照）。流入する物質の種類によって，**有機汚濁**，**富栄養化**，**酸性化**などに分けて考えられる。

河川に排出された産業廃水，生活排水，人間や家畜の糞便（ふんべん）などの有機物が分解される過程で，水中の酸素が消費される。また分解されずに残った有機物がヘドロになって，堆積あるいは懸濁することによって濁ったり，有機物の分解により硫化水素など有毒な物質が生じたり，貧酸素（時には無酸素）状態の水となったりする変化を，**有機汚濁**と称する。

有機汚濁の進行に伴い生息が可能な動植物の種類は限られていき，さらに進行すると，細菌，真菌類以外の生物はほぼ見られなくなってしまう。

植物にとっては栄養物質である窒素化合物やリン酸塩（**栄養塩**類）が水域に流入し，濃度が増大して，植物★2の成長に都合の良い状態になるのが**富栄養化**である。有機物が分解されて生じる栄養塩類に加えて，農耕地に投入された肥料が地下水や排水路などを経由して，あるいは雨水などに溶け出し地表を流れて，河川に流入することも，富栄養化の原因と考えられる。かつては合成洗剤も多くのリン酸塩を含んでいて，家庭排水の流入も富栄養化の一因となっていた★3。付着藻類，また流れの緩い河川や止水域での植物プランクトンも，富栄養化の結果として多量に生育するようになる。大量の植物プランクトンや付着藻類の死骸（生物の死骸の大部分は有機物である）が細菌などで分解されて酸素を消費し，その分解途上の物質が川底に堆積していくと，有機汚濁と同じ状態になる。

大気中に放出された硫黄酸化物，窒素酸化物，塩化水素などが元になって生じる**酸性雨**が河川や湖沼に流れ込むことで，水の酸性化をもたらすことがある。北欧などの各地の湖沼や池で，pHの大きな低下（水の酸性化）が観察され，これが原因と思われる魚類の大量死や，付着藻類の種組成の変化が報告されてきた。

河口付近では，海水の浸入が河川の生物に影響を及ぼす。河口域で淡水と海水が混じり合うこと自体は自然の現象であるが，地盤沈下によって海水が従来よりも上流にまで達するようになると（塩水くさび），新たに海水が浸入した場所に住んでいた移動能力が小さい生物（底生無脊

★2 ――植物の種類によっては，富栄養化によって成長が大きく促進されるものとそうではないものとがあるため，成長が大きく促進される種のみが種間の競争に勝ち，種の多様性は減少してしまう。

★3 ――現在は無リン洗剤が多く出回っており，下水処理場での高度処理による窒素化合物やリン酸塩の除去とともに，家庭排水由来の富栄養化の抑制に寄与していると考えられる。

椎動物や付着藻類など）には大きな影響が及ぶ。

水の化学的な条件のほかに，その物理的な条件，例えば**水温**や**濁度・透視度**★4も，生物群集に影響を与えていると考えられる。水の濁りをもたらす細かな粒子（懸濁物）は，えら呼吸をする動物の活動を妨げ，その生息を困難にする。また，水中への太陽光の透過を妨げ，光合成をできなくする。水温の変化は，付着藻類の成長速度や生育する種類に影響すると考えられる。自然の条件下でも，水温の変動に伴う付着藻類の種組成の変化（**季節変化**）が知られている。魚類をはじめ多くの動物種も，水温の変化により生息状況が変化し得る。例えば，人為的な温度上昇が起きた場合には，低水温条件を好む種類はその水域から消えてしまうかもしれない。

コラム 12-1 水質汚濁と生物学的水質判定（水質評価）

河川が汚れるに従って，そこに住む生物の種類も変化する現象は，ヨーロッパでは19世紀の末には既に研究の対象となっていた（**汚水生物学**）。一連の研究によって，清浄な水域から汚濁が進んだ水域まで汚れの状態を数段階に分け，各段階で特徴的に見られる生物が示された。生物が水の汚れに応じて棲み分けていることを利用し，生息している生物の種類から各場所の水の汚れの状況を評価しようという試みが，**生物学的水質判定**である。

生物学的水質判定では，清浄な水域に特徴的に見られる生物種に良い評点を，汚濁が進んだ水域に見られる生物種に悪い評点をあらかじめつけておく。その上で，個々の地点で生物の調査を行う。評価のための結果の集計の仕方にはいくつかあるが，よく用いられるのは個々の種の評点の加重平均を利用するものである。ある地点で観察された全ての生物種の評点か

★4 ——透視度の測定では，一定の規格に従った容器に水を入れた時に，容器の底に記された記号が判別できなくなり始める水の深さを尺度としている。この方法では，濁りが顕著な水が主に対象とされる。より澄んだ水については，標準液との比較により濁りの状態を評価する濁度を利用する。流れがなく，水深がある程度以上ある湖沼では，直径30 cmの白色円盤（セッキー円盤）を沈めて，それが見えなくなる深さを透明度として測定する。透明度と透視度はよく間違えられるので注意したい。

ら，種ごとに観察された個体数を重みとして加重平均を求め，その地点における水質評価の点数とする。観察された全ての個体についての評点の平均値，と考えることもできる。例えば，清浄な水域を好む評点 1 の種が 1 個体，汚濁が進んだ水域に見られる評点 4 の種が 5 個体，中間の性質を持つ評点 2.5 の生物種が 4 個体，計 10 個体が記録された時，その地点の水質評価の点数は，$(4 \times 5 + 2.5 \times 4 + 1 \times 1)/10 = 3.1$ となる。計算される評価点のことを，**汚濁指数**とも呼ぶ。

生物学的水質判定は，水の汚濁状況を総合的に反映すると考えられている。例えば，水中の全ての電解質の濃度の指標である電気伝導度（EC）と，水中の有機物量の指標である **COD（化学的酸素要求量）**が，それぞれ別個の要因により変化している場合には，計算された汚濁指数の場所による違いは，電気伝導度や COD の場所による違いとは一致しない。両者の線形結合として水質指数（WQI）を算出してこれを用いると，汚濁指数の振る舞いをよく説明できる。底生無脊椎動物の場合は，強度の汚濁に耐えられるとされるイトミミズや一部のユスリカの幼虫が水底が砂泥である場所を好んで生息することから，川底が砂泥である場合に汚濁指数の値が汚れた状態を示しやすくなる傾向もある。これらの現象は，汚濁指数が水の汚れの複数の側面を反映し，さらに川底の状態も反映し得るものであることを示している。ただし，汚濁指数の値の変化が何によってもたらされたのかは直ちには判断しにくい。

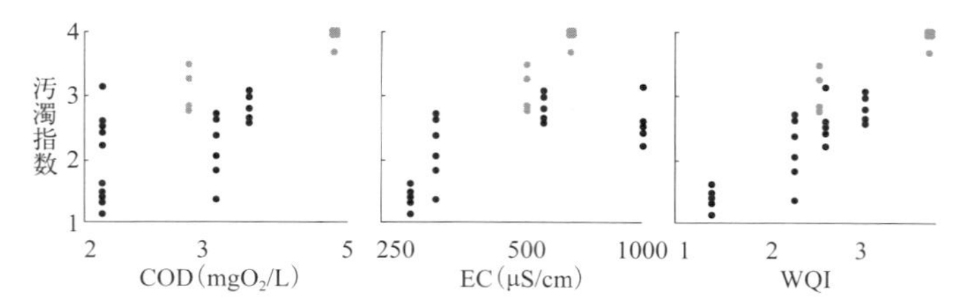

図　COD（左），**電気伝導度（EC）**（中），**水質指数（WQI）**（右）**が，底生無脊椎動物の調査結果から算出された汚濁指数**（縦軸）**とどのような関係があるかを示した図**

汚濁指数の場所による違いは，水の汚れの特定の側面からだけでは十分に説明できない場合がある。灰色の●は，川底が泥である場所の結果を示す。そうでない場所よりも汚濁指数が大きな値をとる傾向にあることがわかる（Katoh, 1992）。なお，河川の水中の有機物量の指標としては，COD よりも BOD（生物学的酸素要求量）がより一般的に用いられる。

出典：Katoh, K., “A comparative study on some ecological methods of evaluation of water pollution”, *Environmental Science*, 5, 91-98, 1992

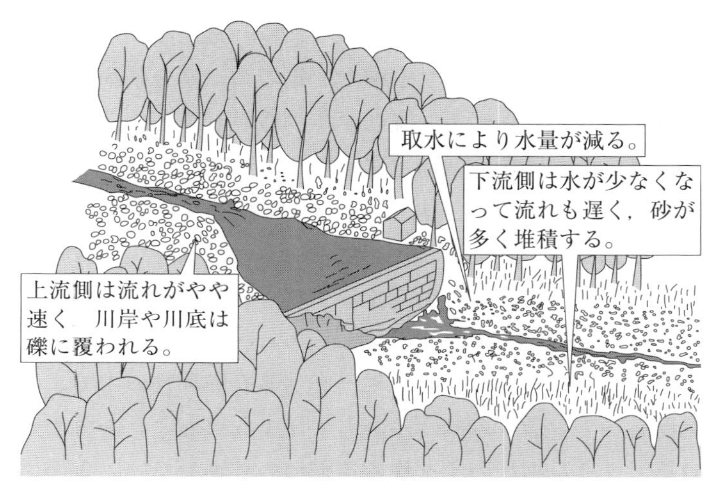

図 12-4　取水堰が設けられた渓流
堰でためられた水の一部は水路を経て取水され，残りは堰の下流に流れる。

12.2.2　水の流れに関する条件

河川の水生生物のうち，川底を生息場所とする底生無脊椎動物や，水流中を遊泳して生息する魚類は，**流速**や**水深**，川底の**堆積物**★5 の性状（堆積物の**粒径**や，落葉・落枝の堆積状況など）の影響を強く受ける。生息に適した流速や水深，川底の堆積物の粒径などが種によって異なっているため，これらの条件の場所による違いに応じて，生息する種も場所によって変化する。また，これらの条件は，流量および河道の形状や勾配によって，もっぱら規定されている。

ここで例として，山地を流れる渓流に取水堰（せき）を設け，堰の上流側で取水する状況を考える（図 12-4）。上流側で堰の影響を受けない流れで

★5 ——川底の堆積物は，その粒径により区分される。国際土壌学会法では，粒径が 2 mm 以上の粒子が礫，2〜0.02 mm のものが砂，0.02〜0.002 mm のものがシルト，さらに細かな粒子が粘土とされる。礫については，粒径 4 mm までのものを細礫，それ以上 6.4 cm までのものを中礫，それ以上 25.6 cm までのものを大礫，それ以上のものを巨礫として分類する（Wentworth，1922）。

は，流速が比較的速く，川底は**礫**で覆われているだろう。そのような場所では，礫の表面に固着生活する種や，礫の間に網を張り，流下物を捉えて生きる種が多く見られる。流れが多少緩いところでは，礫の表面を這い回って餌を探す種類も多い。取水堰のすぐ上流では，堰の影響で流れが遅くなり，**砂**やシルト，粘土（以下，一括して砂泥と称する）が川底に堆積する。もともとあった礫を砂泥が覆ってしまうところも生じる。その結果，砂泥の中に潜って生活するユスリカの仲間などが多くなる。堰の下流では，取水の結果として流量が少なくなり，流速が遅くなって，砂泥の堆積が顕著になる。その結果，底生無脊椎動物の中でユスリカなどの砂泥に潜って生活する動物が優占するようになる。一方で，礫の間にクモの巣のような網状の巣を作る造網型の動物や，礫の表面に固着して生活する動物は，砂泥が堆積した川底にはほとんど見られなくなる（神宮字ら，1994）。このように，流速や堆積物の性状の違いに対応して生活史の異なる種が生息することで，場所による動物相の違いがもたらされる。

河川における流路の形状は，一般には**早瀬**，**平瀬**，**淵**に大きく分けられる（図 12-5）。それぞれは魚類の生活史の各段階において特有の役割を果たすほか，そこにおける生物相にも特徴があることが知られている。特に，早瀬と淵において，種数，現存量ともに多くなる。実際に人工的に淵を造成することで，魚類が増加し，その種組成も多様化した例も知られている（水野，1995）。

人間が護岸によって流路を固定化していない河川では，増水の前後で流路の位置が変わることがよくある。この時，古い流路の一部が**池**★6 として残ったり，新しい流路から枝分かれした分流となって残ったりする。また，新しい流路につながるところが新しい流路から見た**湾入部**（わんにゅうぶ）★7 となることがある。このような形で主たる流路に付随する水域に

★6 ――このような成因のものに限定せず，河川と一体の空間の中にある池については，「**たまり**」と呼ぶことがある。

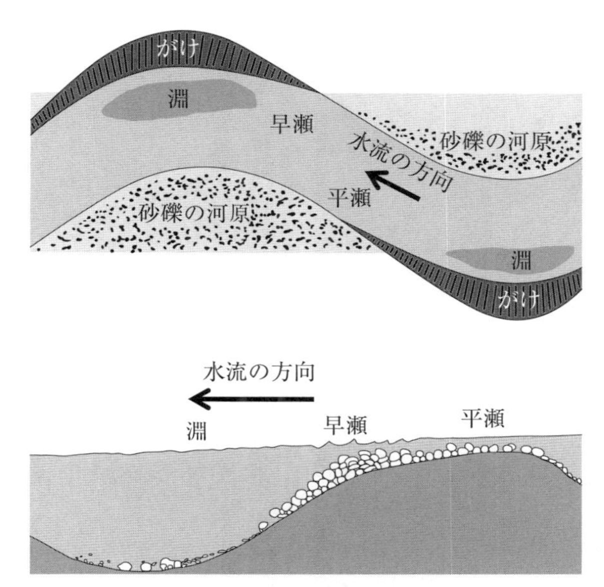

図 12-5　早瀬，平瀬，淵

深くなっている場所が淵である。水流は緩やかなことが多いが，表面付近ではかなり速いこともある。早瀬は水流が速くて浅く，水面が波立っているところ。平瀬は水流がそれほど速くなく，水面は波立たない。早瀬と平瀬を単に瀬としてまとめて扱うこともある。河川の中流部で川が蛇行を繰り返しているところでは，屈曲部の外側の川岸寄りに淵ができ，淵に流れ込む手前が（早）瀬となることが多い（図：上は平面図，下は縦断面図）。上流部では，瀬と淵の繰り返しがより短い区間で生じる。

は，主たる流路とは異なった種類の生物が見られる。生物の多くは，水流が緩く，水底に細粒の堆積物が見られる場所に適した種類であるが，大きな魚が入ってこられないような浅い水域の場合は，魚類の稚魚や両生類の幼生の生息場所となっていることもある（図 12-6）。

★ 7 ――このような成因のものに限定せず，河川の岸にできた湾入部で水の流れがほとんどなくよどんでいるところを，「**わんど**」と呼ぶことがある。

図 12-6　河原に生じるいろいろな水域

（左上）早瀬であり，水面が波立っている。（右上）伏流水の湧出地。砂地から伏流水が湧き出している。周囲をツルヨシの群落に囲まれながら，そこだけはオランダガラシの群落になっている。（左中）水の流出入のない池。（右中）水の流出入がある池。（左下）古い流れの跡に由来する湾入部。手前に見えるもののほか，右岸（写真の右手）をもう少し下ったところにも同様の湾入部がある（写真中央右寄り）。（右下）規模の大きな湾入部。本流は画面の上の方を右から左に，さらに途中から向きを変えて奥に向かって流れている。

12.2.3　川岸の状態

川岸の状態も生物相に影響を与えている。草本植物に覆われている場所や，礫が堆積している場所は，岩盤が露出していたり，護岸が施されたりしている場所と比べて，生物相は豊かである。特に，植物の根際（ねぎわ）や，水中に没した枝葉の間，あるいは水生植物の間に生じた隙間は，稚魚や，エビなどの甲殻類，ゲンゴロウなど水生昆虫のすみかになっていることが多い。川底の礫の場合と同様に，川岸における礫の隙間や植物体の間隙も，生物の生息場所や隠れ場所になりやすい。岩盤や通常のコンクリート護岸にはこのような隙間がないため，たいていの生物の生息にとっては好ましくない。

河口域では，泥が堆積して**干潟**が形成されることがある。干潟には多くの底生無脊椎動物が生息する。水中に懸濁している有機物の粒子を濾過して摂取する動物（特に二枚貝）は，有機汚濁を改善し，富栄養化を防ぐ効果も持つ。また，干潟に生息する多量の底生無脊椎動物は，そこに飛来する鳥類，特に多くのシギ，チドリ類にとって重要な食物である★8。護岸や浚渫（しゅんせつ），埋め立てによって干潟は容易に失われ，結果として干潟の生物群集が損なわれるだけでなく，河口域や隣接する沿岸域の富栄養化が進行しやすくなることが指摘されている。

熱帯から亜熱帯の河口域では，**マングローブ**という特徴的な植生が見られることがある。ヒルギ科の樹木など，限られた種類の植物が生育するが，植物の枝葉や呼吸根が水没し，魚類や甲殻類をはじめ多くの動物に，生息のための空間を提供する（図 12-7）。なお，マングローブの海側はしばしば干潟となる。

★ 8 ―― 一部の小型の動物は，干潟の堆積物の表面に生息する微生物を食物として利用している。このような微生物は，集まって堆積物の表面に膜状のコロニーを形成しており，**バイオフィルム**と呼ばれる。バイオフィルムは干潟に限らず小型の動物の食物として重要な存在であることが近年明らかになってきており，例えば熱帯で砂に覆われた海底に生息するナマコは，砂を摂食しつつその表面に生じたバイオフィルムを，砂粒の間隙に生息する細菌や珪藻類などとあわせて栄養源にしている。

図 12-7　沖縄本島のマングローブ（左）とその地表付近の様子（右）
ヒルギ科の木本植物の群落が川岸を帯状に覆っている。地表付近には支柱根（地表面よりも高いところから枝分かれしている根で，植物を支える役目を持つ）や呼吸根が露出して，複雑な空間を形成する。水没時には魚の良い隠れ場所となる。

第 11 章で紹介したゲンジボタルだけでなく，幼虫期は水中で過ごし，水の外で羽化して成虫となって活動する昆虫は多い。トンボ目，カゲロウ目，カワゲラ目，トビケラ目，ハエ目に属する種類の多くは，そうした生活史を持つ。これらの昆虫の中には，水域から陸域への移動が円滑にできない場合にうまく成虫になれないものがある。水上にまで茎が伸びている水生植物や，頂部が水面上に露出する礫が，羽化に使われることもあるが，川岸に上がって蛹化（ようか），羽化する種類もある。そのため，川岸の状態が移動に適したものであるかどうかが，特定の種の生息の適否を決めることもある。

12.2.4　周辺部陸上の条件

河川周辺の陸上の条件は，水中に流入する物質やエネルギーの種類や量を変化させ，水や流路の条件を変えることを通じて，水生生物に対して影響することが多い。

沿岸の高木林（**河畔林**）は，日照を遮ることにより河川水の水温の低下を招き，結果として魚類相を変化させ，また付着藻類の生育を妨げ，それを餌とする底生無脊椎動物の現存量を減らす効果を持っている。その一方で，河川に落葉・落枝を供給し，底生無脊椎動物の生息を助ける効果も持つ。川底の落葉・落枝やその表面に生育する微生物（付着藻類や細菌，真菌など）が，一部の底生無脊椎動物の食物となっているからであり，落葉・落枝の供給量がそれらを利用する底生無脊椎動物の現存量に影響するとした研究もある。水面に落下する昆虫は，それらの昆虫を食物とする魚類（イワナやヤマメなど）の生息にとって重要であるが，それらの昆虫の量は沿岸の植生の状況に左右される。

前項で述べた川岸の状態も，沿岸の植生に影響を与えている。植物の根際が水際に生じるためには，植物群落が川岸になければならない。沿岸の植生が水質浄化に寄与していることも知られている。ヨシなどの抽水植物は，河川水中の栄養塩類を利用したり，有機物を物理的に捉えたりして水質を改善し，川岸に沿って発達する植生は，肥料などに由来する栄養塩が溶け込んだ表流水を捕捉して，河川への栄養塩の流入を妨げる効果を持つ。

水生昆虫など一部の水生生物は，生活史の一定期間を陸上で過ごす。またカエルなどの両生類は，水中と陸上にまたがって生活している。このような生物の生息に対しては，陸上の環境は直接的な影響を及ぼす。すなわち，陸上に適切な環境が存在しない場合には，これらの生物は生活史を完結させることができず，したがってその水域から消滅してしまう。ホタルやトンボなどの生息場所を保全・再生する際に，陸上と水中の環境を一体的に考慮する必要性が指摘されるのは，この理由による。

12.2.5 広域的な条件

広域的な陸上の条件は，水や流路の条件を変えることにより，水中の生物に間接的に影響する。

集水域内の土地利用や人間活動は，そこを流域とする河川の水質に密接に関連していて，水質の変化を通じて水生生物群集に影響を与える。有機物の流入による有機汚濁，栄養塩の流入による富栄養化，酸性物質の降下・流入による酸性化の起こりやすさや程度は，集水域の状況に依存する。集水域内で土壌の侵食が起こり，侵食され流出した土壌が河川に流入して川底を覆ってしまうと，底生無脊椎動物群集に影響を与え，堆積物に穴を掘って生活する種類にとって有利な状況になる。

魚類には，異なった種類の水域の間を移動しながら生活史を完結させている種がある。そのような種が生息できるようにするためには，必要な種類の水域を相互に移動可能な形で連結しつつ，確保する必要がある。河川と海の間を往復して一生を終えるサケ，アユ，ウナギなどはもちろんのこと，河川から用水路を経て水田やため池に至る水域を移動しながら生活している例もある。このような魚類の移動を妨げる水中の構造物，例えば取水堰や砂防堰堤（えんてい），ダムなどは，移動を妨げられた魚類の生息に重大な影響を与える可能性がある。それを回避するために，魚道の整備が試みられている。農業用水路から水田やため池に魚が移動できるようになっているかどうかが問題になることもある。

水生生物群集の維持や回復に，水系の連結性，すなわち水路により接続された水域からの生物個体の移入★9が果たす役割は大きい。移入が円滑になされる場合は，大規模な出水などで河川の生物のほとんどが流出してしまったような場合でも，生物相は速やかに回復し得る。孤立した水域では，12.2.1～12.2.4 で前述した条件がもともといた生物の

★9 ──いわゆる水生昆虫の場合，多くの種で成虫は飛翔能力を持つため，水路によって接続されていなくても新しい個体が侵入し得る。陸上を歩行して移動できる両生類も，陸上での移動が可能であれば，水路による接続がなくても新たな個体が到達できる。

生息に問題がない状態に戻った後でも，生物相の回復には時間がかかる。

12.2.6　生物的な環境条件

河川における主要な一次生産者である付着藻類は，動物による摂食の対象となる。底生無脊椎動物によって藻類が捕食される際に，食べられやすい種類とそうでない種類があることから，底生無脊椎動物群集の状況によって藻類群集の種組成が変化することがある。付着藻類を摂食する魚類としては，アユが有名である。アユが多いところでは，付着藻類の中でもアユによって根こそぎ食べられてしまう珪藻類は減少し，礫の表面に強く固着した細胞が摂食後も残存しやすい一部の藍藻類（シアノバクテリア）は，摂食後速やかに現存量を回復させるために優占する，といった例も知られる。逆に，藻類の現存量や増殖速度が，それを餌とする底生無脊椎動物の個体密度に影響を及ぼすこともある。

近年，河川や湖沼の生物多様性の保全を考える上で問題となっているのが，外部から導入された生物が他の生物に及ぼす影響である。オオクチバス，コクチバス，ブルーギルといった外来魚がそのような影響を及ぼしていることがしばしば指摘される。これらの魚がもともといなかった水域に放流されると，新たな捕食者となって，食べられる側の魚の個体数を大きく減らしてしまうと考えられる。日本ではこれらの外来魚に対する天敵が少ない水域が多いことも，問題を大きくしていると言える。

コイは，日本にもともと生息する魚種だが，各地で放流もされている。個体数が増えすぎると，水草や底生無脊椎動物を多量に摂食，捕食するほか，糞による富栄養化や泥の巻き上げによる影響も無視できないとする見解もある。

このほか，アカミミガメ，アメリカザリガニなどの外来の動物や，コカナダモやオオカワヂシャなどの水中で生育可能な外来の植物も，水域の生物の生息に影響する。微生物では，日本にもともと生育していなかった北米原産の珪藻類の一種ミズワタクチビルケイソウ *Cymbella janischii* が，近年日本各地の河川から報告されている。他の付着藻類の生育を抑制し，付着藻類を採食するアユの生息にも悪影響を与える可能性が指摘されている（芦澤と加地，2019）。

河川の生物の生息に影響する条件として6項目を挙げたが，この中で最初に注目されたのは水の化学性，いわゆる水質の問題である。21世紀に入り，日本では特に河川において水質問題が改善され，1974年度には50％強だった環境基準の達成率が，2022年度には92.4％にまで達している（環境省，2024）。しかし，生物生息場所としての河川の機能がそれに伴って回復しているかというと，そうではない。ダムの整備や河川改修などの結果，水の流れの条件や川岸の条件が過去の状態から変化したままであることや，外来生物が定着して在来の生物を圧迫していることなど，水の化学性以外の状況に原因があるものと考えられる。国や地方自治体も，河川における生物多様性の保全や再生の観点から対策を講じているが，河川改修に関しては災害防止との兼ね合い，ダムについては流量調節や水資源管理の必要性もあり，生物多様性だけを考慮するわけにはいかない状況にある。

引用文献

・芦澤晃，加地弘一「ミズワタクチビルケイソウが放流アユの定着に与える影響」，『山梨県水産技術センター事業報告書』，46，34-38，2019

・神宮字寛，加藤和弘，千賀裕太郎「雑魚川水域における渓流取水口の生態学的環境影響評価」，『農業土木学会誌』，62，1051-1056，1994
・Katoh, K., "A comparative study on some ecological methods of evaluation of water pollution", *Environmental Science*, 5, 91-98, 1992
・環境省『令和 6 年版　環境白書―循環型社会白書／生物多様性白書』2024
・水野信彦『魚にやさしい川のかたち』信山社，1995
・Wentworth, C. K., "A Scale of Grade and Class Terms for Clastic Sediments", *The Journal of Geology*, 30(5), 377-392, 1922

参考文献

・玉井信行，奥田重俊，中村俊六・編『河川生態環境評価法』東京大学出版会，2000
・谷田一三・編『河川環境の指標生物学』北隆館，2010
・角野康郎，遊磨正秀『ウェットランドの自然』保育社，1995
・小島貞男，須藤隆一，千原光雄・編『環境微生物図鑑』講談社サイエンティフィク，1995

13 生物多様性の考え方

《目標＆ポイント》 地球の生物圏には多様な生物が生きている。今日名前がついている種はおよそ200万種前後とされるが，さらに多くの種がまだ発見されないまま地球上に存在する。このように多くの種が存在することには，どのような意味があるのだろうか。また，そもそもなぜこれだけの数の様々な種が存在するのだろうか。
種の多様性は，遺伝的な多様性の上に成り立っている。一方で，多様な種の存在が可能であることの背景には，生物群集や生息場所の多様性があると考えられる。こうした一連の生物多様性は，今日，人間による活動の結果として全地球的に危機にさらされている。生物多様性の危機は，いずれ人間にも不利益をもたらすであろうという懸念が，広く受け入れられつつある。
本章では，以上述べたような生物多様性とその起源，および関連する考え方について説明する。
《キーワード》 種の多様性，遺伝的多様性，群集の多様性，生態系の多様性，生態系サービス

13.1 種の多様性の現状

地球の**生物圏**には多様な生物**種**が存在する（種については「コラム1-2」を参照）。しかも，地域によって生息する種が異なる。そのため，世界の各地で，それぞれに特徴的な**生物相**を見ることができる。このような種の多様さや，生物相の場所による違いの理由を明らかにすることは，生態学における古くからの課題の一つである。主な理由として，**気**

候（第２章），**地形**（第３章），**生物的環境**（第５章，第７章，第８章），**景観**（第９章），**人間活動**（第10章〜第12章）などが考えられ，研究されてきた。

現在地球上に生息する種のうち名前がついているものの数は，およそ175万（環境省，2008），あるいはおよそ190万（Chapman，2009）だと言われる。“Catalogue of Life”というデータベース★1には，本稿執筆時点で約216万種が掲載されていた。知られている生物種の中では**昆虫**が最も多く，次いで**顕花植物**が多く記載されている。しかし実際には，まだ見つかっていない種，種として正式に記載されていない種が相当な数あると考えられている。

例えば，**熱帯雨林**で高木を一本切り倒し，その枝葉や樹皮，幹の中などを調べて，住んでいる昆虫や昆虫以外の**節足動物**（クモやサソリなど）を数えたところ，1000種以上が見つかったという例もある（Stork，1991）。植物と密接な**種間関係**を持って暮らしている昆虫等の節足動物が多いことを踏まえると（**第５章，第７章**），高木の種が異なると，種構成が大きく異なる節足動物群集が見出されても不思議ではない。菌類（カビやキノコの仲間）や微生物まで考慮すると，さらに多くの生物種が見つかるであろう。このように未知な部分が大きいことから，地球上の種の数については，数百万から数千万と幅があり，かつ曖昧な推定がなされるにとどまっている。とはいえ，既知の種の数よりもだいぶ多いことは，多くの研究者が認めるところである。

今日，人間の活動が地球全体で活発になるとともに，地球上の生物種が次々と失われつつあるのではないか，との懸念が示されている。研究者によって表現あるいは数値に差があるものの，地球史上かつてない規模と速度で種の**絶滅**が発生しているという点は，どの見解においても共通する。

★1 —— https://www.catalogueoflife.org/（2024年6月24日閲覧）

日本国内で記録されている動物や植物，ならびに菌類の一部については，絶滅の危険性が評価されている。環境省が公表している絶滅危惧種のリスト，「レッドリスト」に掲載されている種の数を集計した結果を表 13-1 に示した。魚類，両生類，爬虫（はちゅう）類の半数以上の種を含む多数の種が，絶滅が危惧されるか，それに近い状態にあると評価されている。

生物種が失われる理由としては，大気や水，土壌の**汚染**や変質がまず挙げられる。第 12 章で述べた河川の有機汚濁や富栄養化，酸性化は，水の汚染の例と言える。気候の変化も問題となり得る。いわゆる**地球温暖化**が実際に進行した場合，生物にも大きな影響が出ることが懸念されている。生物の**生息場所**が人間によって改変されることで，生物が生息する上で必要な食物や営巣場所などが得られなくなってしまう問題も深刻である。このほか，人間の生活形態の変化（第 11 章），人為的な環境調節（河川における流量の調節など，第 8 章），人為的に導入された生物種の影響（第 7 章，第 12 章，第 15 章），乱獲なども，生物多様性が失われる原因として指摘されている。

13.2　生物多様性とは何か

13.2.1　種の多様性を支える生物多様性の階層構造

種の多様性について研究が進むに従って，それぞれの種が持つ形質は，個々の個体が持つ**遺伝情報**によって規定されていること，同じ種の中でも個体の間で遺伝情報の内容には違いがあり，遺伝情報の内容の類似性に基づいて 1 つの種の中をいくつかのグループに細分できる場合があることがわかってきた。このような遺伝情報の多様性（あるいは**遺伝子**の多様性，**遺伝的多様性**）もまた，生物多様性の一つの側面であると今日では見なされている。

多様な種が存在するために，生物が生息する空間が多様であることの

表 13-1　日本での絶滅危惧動物種数

分類群	評価対象種数	絶滅・野生絶滅	絶滅危惧種	準絶滅危惧種	絶滅〜準絶滅危惧の割合
哺乳類	160	7	34	17	36 %
鳥類	約 700	15	98	22	約 19 %
爬虫類	100	0	37	17	54 %
両生類	91	0	47	19	73 %
魚類	約 400	4	169	35	約 52 %
昆虫類	約 32000	4	367	351	約 2.3 %
貝類	約 3200	19	629	440	約 34 %
その他無脊椎動物	約 5300	1	65	42	約 2.0 %

「昆虫類」や「その他無脊椎動物」で絶滅危惧の割合が少ないのは，調査が十分に行き渡っていないことが理由である可能性がある。それ以外の動物の場合，1/6 から 1/3 強の種が，絶滅危惧の状態にある。維管束植物の絶滅・野生絶滅，絶滅危惧種，準絶滅危惧種は，約 7000 種中 2126 種（約 30 %）となっている。
出典：「環境省レッドリスト 2020 掲載種数表」より抜粋，計算

必要性も指摘されている。多様な空間のそれぞれに異なった種が適応して生息していることが，種の多様性をもたらしていると考えるのである。そこで，生物の**生息場所の多様性**，あるいはそれに対応する形で**生物群集の多様性**，さらに両者をあわせて★2 **生態系の多様性**が，種の多様性よりも上位のレベルにおける生物多様性として理解されるようになった★3。

★ 2 ――厳密には，**第 1 章**で述べたように，生物群集とそれを取り巻く非生物や空間（生息場所，ビオトープ）の構成要素全ての間の関係性まで含めて生態系と呼ぶ。

★ 3 ――さらに上のレベルでの多様性として，ランドスケープ（景観）の多様性が考えられることもある。

13.2.2 種の多様性

種の多様さとは，基本的には**種の豊富さ**である。どれだけ多くの種が生息しているか，ということである。さらに，同じだけの数の種が生息している場合に，それぞれの種が同じくらいの個体数や生物量を示しているのか，あるいは特定の種の個体や生物量だけが他の種と比べて多いのかによって，種の多様さは違うと考えることもある。一部の種だけが偏って多く生息しているのであれば，その状態は種が多様な状態とは言い難い，ということである。種間で均衡がとれていることを，**種間の均等性**（均衡性）と呼ぶ。種の豊富さと種間の均等性の2つが，種の多様性の主要な構成要素とされる（図 13-1）。

13.2.3 遺伝的多様性（遺伝子の多様性，遺伝情報の多様性）

同一の種や個体群の中に，遺伝的な状態が異なる様々な**系統**が存在する場合には，遺伝的多様性が高いと言える。遺伝的多様性の高さは，変化する環境の下では種や個体群の存続の可能性を高めることにつながる。遺伝的に多様であるほど，生まれてくる個体の形質は多様になり得ることから，現在の環境が変化してもそこで生き残りやすい性質を備えた個体が生まれてくる可能性が高いと考えられる。

13.2.4 生態系の多様性

後述するように，多様な生物が存在することの理由の一つとして，地球において生物が生息できる場所のあり方が多様であることが挙げられる。生物にとっての**非生物的な環境条件**，特に気候や地形，地質，水中の生物にとっての水の流れや水深，水質，堆積物の性状などの条件は場所によって異なり，それぞれの場所におけるこれらの条件に対応する形で，場所により構成種が異なる生物群集が形成される。**生物的な環境条**

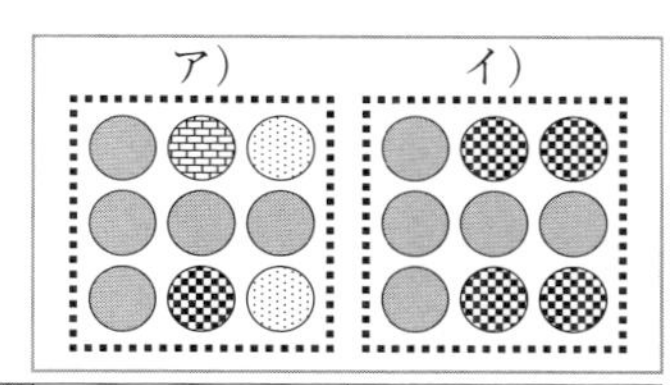

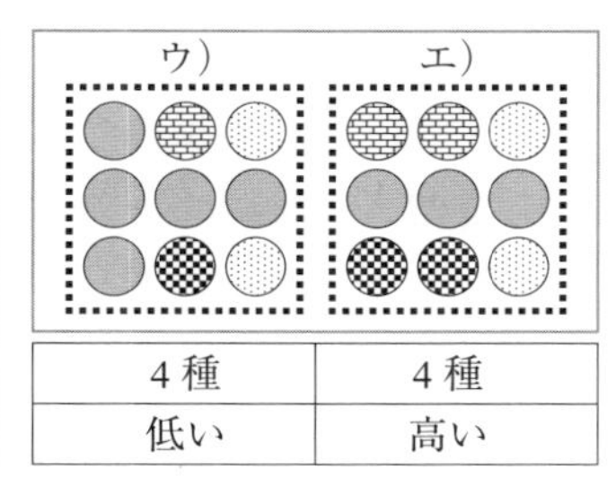

	ア）	イ）	ウ）	エ）
種の豊富さ	4 種	2 種	4 種	4 種
種間の均等性	低い	高い	低い	高い

図 13-1　種の多様性の構成要素

個々の丸印は個体を表し，丸印のハッチング（塗り分け模様）が同じであれば同じ種の個体であることを示す。ア）とイ）を比べると，ア）に見られる種は 4 であるのに対し，イ）には 2 種しか見られない。したがって，ア）はイ）よりも種が豊富である。ウ）とエ）には，ともに 4 種が出現しているが，ウ）は過半数の個体が●の種で，他の種は 1 ないし 2 個体しか見られない。対してエ）では，4 種それぞれの個体数が 2 または 3 とほぼ等しくなっている。したがって，エ）のほうが種間の均等性が高い。ア）とイ）の間の種間の均等性の違いについても，種数は異なるが同様に考えることができる。

件，例えば植物群落の発達の程度（植生遷移の段階）の場所による違いも，場所ごとの生物群集の違いをもたらし得る。

このように生物群集の多様性は，個体にとっての生物的および非生物的な環境条件が場所によって様々に異なることと結びついている。環境条件が異なれば，競争や生存に有利な種も異なることから，環境条件の多様性は生物群集の多様性，さらには生態系の多様性を生み出し，ひいてはそれが種の多様性につながる。

13.3　生物多様性の評価

13.3.1　種多様性評価における伝統的な考え方

生物多様性のあり方を考える際には，現状がどうであるのかを判断するための尺度が必要である。本節では，そのための主な方法や考え方を紹介する。

ある場所における種の多様性はまず，そこに生息する種の数，すなわち**種の豊富さ**によって評価される。本来は，その場所に生息する全ての種を数え上げて種の豊富さを評価するべきであるが，調査における現実的な制約から，鳥類，魚類，あるいはチョウ目昆虫のように，特定の分類群だけを対象として種の豊富さの評価を行うことが普通である。

種の豊富さがどのような理由で変化するかを知ることで，**第10章～第12章**で紹介したような，人間活動が生物群集に及ぼす影響を検討することができる。そのため，今日でもなお野外調査によって個々の調査場所での種の豊富さを調べ，それに関係ある条件を見つけ出して人間活動のどのような側面がその場所の生物群集にとって特に問題なのかを知ろうとする努力が続けられている。

種の豊富さを調べる際に気をつけなければならないのは，調査にかける時間（**調査時間**）や**調査面積**が異なると，記録される種数が違ってしまうことである。移動しない植物などの調査では調査面積が，移動する動物の調査では調査面積に加えて調査時間の長さが結果に影響する。この時，調査面積や調査時間と記録される種数の関係は，非線形である（**図13-2**）。つまり，面積が2倍なので，記録される種数も2倍，とはならない。調査した後になって，記録された種数から調査面積や調査時間の影響を除くことは難しいので，注意したい。

もう一つ，調査をしたからといって，そこに生息する全ての種が記録できるわけではなく，かつ，記録される種の割合は調査の際の様々な条件によって変化する，という点にも注意が必要である。例えば鳥類の調査の場合，調査を行う時間帯や調査時の天気（降水の有無，風速，気温など）によって，**記録率**（実際に生息している種のうち，調査によって記録される種の割合）が変化する。種の豊富さを比較するためには，調

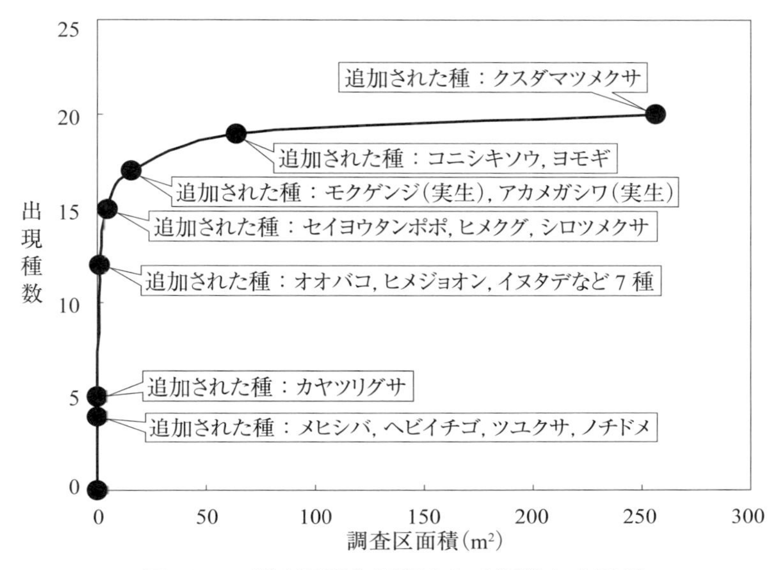

図 13-2　調査面積と記録される種数との関係

同一の様相を示していた連続する植物群落の中に調査区を設定し，その面積を徐々に広げた時の，調査区面積と調査区内での出現種数の関係を示した。調査区がある程度広くなると，植物群落の構成種がほぼ網羅され，それ以上は種数がなかなか増えなくなる。この調査の場合は，20 m² の調査区で 17 種の出現が見られ，以後，面積を広げても 3 種が追加されるにとどまった。

査条件を適切に統一することもまた必要である。記録率が高い条件の下で十分な時間をかけて調査をすればよいのではないか，と考えたくなるが，そうすることは現実にはかなり難しい。加えて，時間を長くかけることにより，本来その場所に生息してはいないものの，何らかの理由で紛れ込んでしまった種が記録されてしまう，ということが起こりやすくなる★4。

★4 ――例えば鳥類の場合，台風や低気圧が通過した後で，本来はその場所には生息していない個体が暴風によって運ばれてきた「迷鳥」として記録されることがよくある。河川の付着藻類の場合，上流で生息していたものが付着基盤から剥離して流下し，下流で記録されることが起こる。観察する付着藻類の量を増やすと，現場で生育する種を確実に記録できるようになる一方で，流下などにより到達した異地性の種が記録される可能性も増大する。

種間の均等性は，種の豊富さとあわせて**種多様性の指数**により評価されることが多い。現地での調査結果に基づき，種ごとに**優占度**を求めた上で，シャノン（Shannon）の多様度指数やシンプソン（Simpson）の多様度指数などを用いて評価が行われる。優占度の評価の方法は生物のグループによって異なり，例えば植物の場合には**第４章**で述べた被度が，鳥類の場合には観察個体数が，優占度として用いられる。

13.3.2　生物多様性保全のための種の多様性の評価

今日，種の多様性は研究の対象であるだけでなく，**保全**の対象ともなっている。保全の対象としての種の多様性を評価する場合は，保全の必要性に応じて個々の種の重みが違ってくる。

前項に示したように，種を単純に数え上げた結果をもって種の豊富さの指標とする場合には，暗黙のうちに全ての種を同等と見なしている。ある場所に生息する種の中には，そこから今にもいなくなってしまいそうなものもあれば，どんどん増えて他の種を圧迫しているようなものも含まれる。種の多様性の保全の観点からは，どちらも同じ1種として扱うことは適当ではない。

そこで登場するのが，種の多様性を評価するための**指標種**という考え方である。ここで指標種とするのは，その種の保全を追求することによって，地域の生物多様性全体の保全にも寄与し得る種のことである。種の多様性を評価するための指標種は，大きく次の5つの種類に分けられる。

(1)　アンブレラ種

生息し続けるために**大面積の生息場所**を必要とする種。しばしば**上位の捕食者**であり，この種を保全するためには，広い面積の生息場所が維持されていて，その中でその種の個体が直接・間接に食物とする多くの生物種が十分な量生息していることが求められる。

(2) キーストーン種

生息場所における**生物間相互作用**のかなめとなる種。個体数あるいは現存量が少ない割に生態系のあり方に大きな影響力を持っている種とも言える。**第 7 章**で述べた**生態系エンジニア**はその例である。他の植物が果実を実らせない時期に果実をつける植物もキーストーン種として理解できる。果実を摂食する動物にとって，他の植物が果実をつけない時期に果実をつける植物は食物として貴重であり，仮にその植物が消失してしまうと，1 年を通じてその場所で生息し続けることができなくなってしまうからである。

(3) 環境指標種

同様の生息場所や**環境要求性**を持つ種の中で代表的なもの。水辺の植物群落の生物多様性を評価するにあたり，湿潤の土壌条件を好み，水辺に特徴的に生育する植物種を環境指標種として用いる，といった使い方が考えられる。河川では，水の汚濁が進んでいないところに限って生息する種が，良好な水質の指標種として扱われる。

(4) 象徴種

生物多様性の保全や生物の生息場所の保全の重要性を社会にアピールできるような種。トキやコウノトリはアンブレラ種や環境指標種，あるいは次の危急種としての性質も備えるが，アピール性の強い象徴種でもある。里地里山地域におけるサシバやゲンジボタル（**第 11 章**），河川におけるサケやアユ（**第 12 章**），河川の水辺におけるカワラノギク（**第**

8章）なども，象徴種として扱われることがある。

(5) 危急種

現に絶滅の危険が高い種。しばしば，生息するために質の高い環境条件を要求する種であり，人為的な影響に対して脆弱であることから，環境指標種としての性質も備えることが多い。

この中でも，生物多様性の保全を考える上で最も重視されているのが**危急種**である。人為的な影響に対して脆弱な種や，現に絶滅に瀕している種は，今後容易に失われかねず，より手厚い配慮が必要である，という考え方による。そこで，個々の種について現状での絶滅危険性を評価し，それが高い種をリストアップして生物多様性の保全に反映させる試みが広く行われている。このようにして作られるリストをレッドリストといい，これに掲載された種やその生息場所を，優先的に保全の対象とする。国際自然保護連合が作成，公表しているものが代表的であり，各国の政府機関等も作成している。日本では，本章の冒頭で紹介した環境省によるものが公表されているほか，都道府県などでも作成，公表されている。一方で，生物多様性の保全に悪影響を与え得る種については，これ以上増えないように管理する，あるいは積極的に**駆除**するなどの対策が考えられる場合もある。**侵略的外来種**★5と位置づけられた一部の**外来種**は，このような種の代表と見なされている。

13.3.3 群集の多様性の評価

群集の多様性（**生息場所の多様性**，**生態系の多様性**）は，どれだけ様々な種類の生物群集（生息場所，生態系）が見られるかということであり，

★5 ――ある場所に現在生息している種の中で，本来その場所には生息していなかった種が外来種である。それらの中で，同じ場所に生息する他の生物や生態系のあり方に大きな影響を与える，また，人間活動（特に農林水産業）に重大な負の影響を与えていると評価された種が，侵略的外来種である。

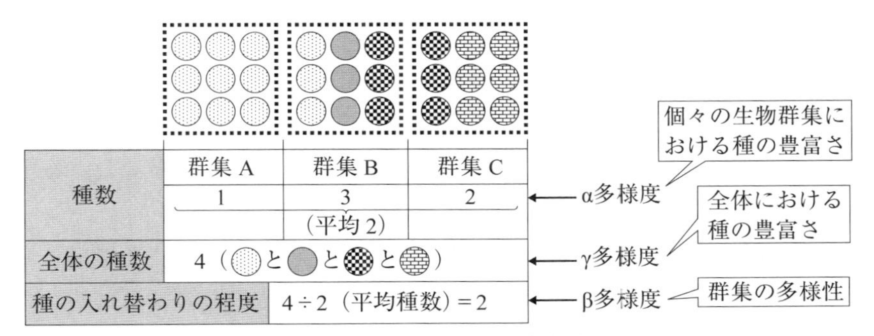

図13-3　α，β，γ多様度
γ多様度をα多様度で割ると，β多様度になる。全体における種の豊富さ（γ多様度）が同じ場合，α多様度の平均が大きいことは，異なる地点（群集）の間での種の共通性が高い，つまり群集の多様性が低いことにつながる。

種の豊富さに基づいて評価することができる。対象とする地域の中で見られる全ての生物群集について，群集の間で種組成にどの程度の違いがあるかを計算して，群集の多様性の指標とする。この考え方だと，類似の種組成の群集が多数あっても群集の多様性は大きくならない。種組成が大きく異なる群集が含まれると，群集の多様性が大きいものと評価される。

個々の群集における★6 種の豊富さを**α多様度**，対象とする地域全体における種の豊富さを**γ多様度**と呼ぶ。ここでγ多様度を，その地域内の群集について求められたα多様度の平均値で割ると，**β多様度**が得られる（**図13-3**）。β多様度が群集の多様性の指標となる。

地域内に多様な群集が含まれた場合，異なる群集の間で共通して見られる種の割合は少なくなる。その結果，α多様度の平均値に対してγ多様度の値が大きくなり，β多様度，すなわち群集の多様性が大きいと評価される。逆に，地域内のどの群集も種組成の上であまり違いがない場合，異なる群集の間で多くの種が共通して見られるようになり，α多様度の

★6 ――個々の生息場所（ビオトープ）あるいは生態系における種の豊富さ，と読み替えてもよい。

平均値に対してγ多様度の値は大きくならない。その結果得られるβ多様度は1に近い値となり，群集の多様性は小さいと評価される。

なお，個々の生物群集における種の多様性と，ある地域における生物群集の多様性は別のものである。「群集の多様性」と「群集における種の多様性」は混同しやすいので，注意したい。

遺伝的多様性の評価を行うためには，分子生物学的な手法を適用して生物個体の遺伝情報を検討する作業が不可欠になる。その結果に基づいて，個体間の遺伝的な類似性や個体間の多様性を検討する。詳細は本稿の対象を越えるので，ここではこれ以上触れない。

13.4 人間が生物多様性を保全することの意義

今日，生物多様性は確実に損なわれつつあり，それを防ぐべきであるという主張も目立つ。ではなぜ，生物多様性は守られなければならないのだろうか。

最も普遍的な説明は，生物多様性の保全は人間にとっても利益である，とするものである。生物多様性が保たれている生態系からは，人間が現に利用しているか，将来的に利用し得る物的な資源，すなわち食料，燃料，化学原料（特に医薬品の原料），用材などを得ることができる。遺伝子が担っている遺伝情報にも価値が認められている★7。森林が雨水を一時的に貯留して少しずつ河川に放出することが，河川に安定した流れをもたらすという**水源涵養**機能，山の斜面が崩れるのを防ぐ**土地安定化**の機能，水辺の植生や干潟による**水質浄化**の機能など，人間にとっての生活環境の維持や改善に，生物多様性が高い生態系が寄与していることも，生物多様性を保全すべき理由とされる。また，生物多様性が保たれ

★7 ――技術の進歩により，どの生物が持つ遺伝情報にも将来的に利用価値が生じ得ると見なされている。そのため，**遺伝資源**（遺伝情報，およびそれを担っている生物の個体や細胞，抽出物など，遺伝情報を取り出し得る全てのもの）を巡る利益配分のあり方は，生物多様性に関する国際的な議論の中で主要な問題の一つとなっている。

供給サービス	調整サービス	文化的サービス
生物が作り出す物質を人間が利用する。	生態系の働きにより人間の生活環境を安定させる。	人間の精神を刺激，あるいは弛緩させて生活を豊かにする。
・食料，燃料，繊維，医薬品原料，工業原料，遺伝資源などの供給	・水源涵養，水質浄化，炭酸ガス吸収，暑熱環境緩和，土地安定化など	・宗教，自然観，美観，観光，保健休養等への寄与，快適性の増進

基盤サービス
生態系を健全な状態に保ち，人間生活に直接寄与する生態系サービスを可能にする。

図 13-4　生態系サービス

ている空間には観光的な価値が高いものが多く，また地域の個性を形作る役割を果たすこともある。つまり，物の供給以外の形で人間に対して経済的あるいは文化的な価値をもたらしている。

このように，生態系が人間に対して提供する様々な価値や利便性を**生態系サービス**と称している。物的な資源を供給する役割を**供給サービス**，生活環境の維持や改善に関わる機能を提供する役割を**調整サービス**，観光やレクリエーションの場の提供，アメニティ（暮らしにおける快適性，暮らしやすさ）の増進，文化の形成，教育，芸術，宗教等における価値の創造などに寄与する部分を**文化的サービス**と呼ぶ。さらに，これらのサービスが十分に提供されるために，生態系を健全な状態に維持する働きについては，人間にとって直接の役に立つとは言いにくいものの，それなしでは上述の生態系サービスが供給されなくなることから，**基盤サービス**として，生態系サービス全体の基礎を構成するものと位置づけられている（図 13-4）。

以上の生態系サービスは，生物多様性の人為的な低下により損なわれる。例えば，水源涵養機能は，畑よりも植林地で一般に高く，自然林ではさらに高いとされる。また，生物多様性が低い生態系は，高い生態系よりも不安定であり，生態系を取り巻く条件のちょっとした変化により大きな変化が生じかねない（したがって，生態系サービスが失われかねない）とする意見もある。そこで，生物多様性を保全すべきであると考えるのである。

一方で，全ての生物についてその尊厳を認め，人間はいたずらに他の生物を損なってはならず，保全に努めなければならないという考え方もある。生物多様性の保全は，人間としての**道義的**（あるいは**倫理的**）**責任**である，ということである。

13.5　なぜ多様な種や遺伝的多様性が存在するのか

地球上には多様な生物が生息していること，そして，その多様さが今日危機に直面していることを，ここまで説明してきた。それでは，どのようにして地球上に多様な生物が生息するようになったのだろうか。

今日生息する生物は，長年の**進化**の結果として現在の形態や性質（**形質**）を備えていると考えられる。進化の仕組みとして現在考えられているのが，まず，**自然選択**である。生物の持つ形質は，同じ種に属するものであっても，個体によって様々である。このような違い—**個体差**—の中には，個体の成長の過程で形成されたものもあれば，親から子へと伝えられた遺伝情報に由来するものもある。さらに，この個体差の結果，種内の他の個体との**競争**における力関係や，残すことができる**子孫**の数（**適応度**★8）に違いが生じることがある。競争に勝ち，より多くの子孫を残すことができる形質が遺伝情報に起因するものであれば，その形質

★8 ――個体としての適応度は，その生涯を通じて残すことができた子のうち，繁殖可能な状態にまで成長できた個体の数となる。適応度としてはこのほかに，集団内での遺伝子の広がりやすさを示す**相対適応度**や，同じ遺伝子を共有する程度（**血縁度**）を考慮して他個体が残し得る子孫の状態も含めて計算される**包括適応度**が取り上げられる。

は次世代以降の個体により高い確率で伝わり（**選択**され），広がっていく。逆に，競争に弱く，より少ない子孫しか残せない形質は，徐々に失われていく（**淘汰**される）と考えられる。これが，自然選択である。

ところで，親から子へと遺伝情報が伝えられる際に誤った情報の伝達が起こる場合がある。**突然変異**である。突然変異によって生じる個体の形質には，自然選択により残るものもあれば淘汰されるものもあり，さらには自然選択に影響しない—**中立的**な—ものもある。生物体内の分子レベルの状態に違いをもたらすような小規模な突然変異には，この中立的な変異が多い。

中立的な変異は選択も淘汰もされず，ただ確率的に（ランダムに）子孫に受け継がれていく。繁殖に関わる個体数が少ない個体群では，この過程で特定の遺伝子タイプがなくなりやすい。言い換えれば，遺伝的な多様性が失われ，特定の状態に向けて変化していくことが起こりやすい。このように，**確率的な過程**によって生じる遺伝的な状態の変化のことを**遺伝的浮動**と呼び（図13-5），分子レベルでの遺伝的状態の変化，あるいは進化の主要な理由であると考えられている（**中立進化説**）。

自然選択と遺伝的浮動の2つを進化の主要な理由と考えた場合，今日の生物多様性はこれらが長い時間かけて働き続けた結果生み出されたと見なすことができる。では，どのような状況の下で，自然選択や遺伝的浮動が生物の多様性を生み出すのだろうか。3つのケースを挙げる。

13.5.1　非生物的な環境の多様性

第2章で述べたように，地球上の気候は熱帯から寒帯，多雨の地域から乾燥帯まで，温度と降水量の両面で幅広く変化する。さらに，**第3章**で述べた地形や地質，それに関わる局地的な気象条件も，生物の生息に影響する。生物に影響する環境条件が多様であり，かつ，個々の種は

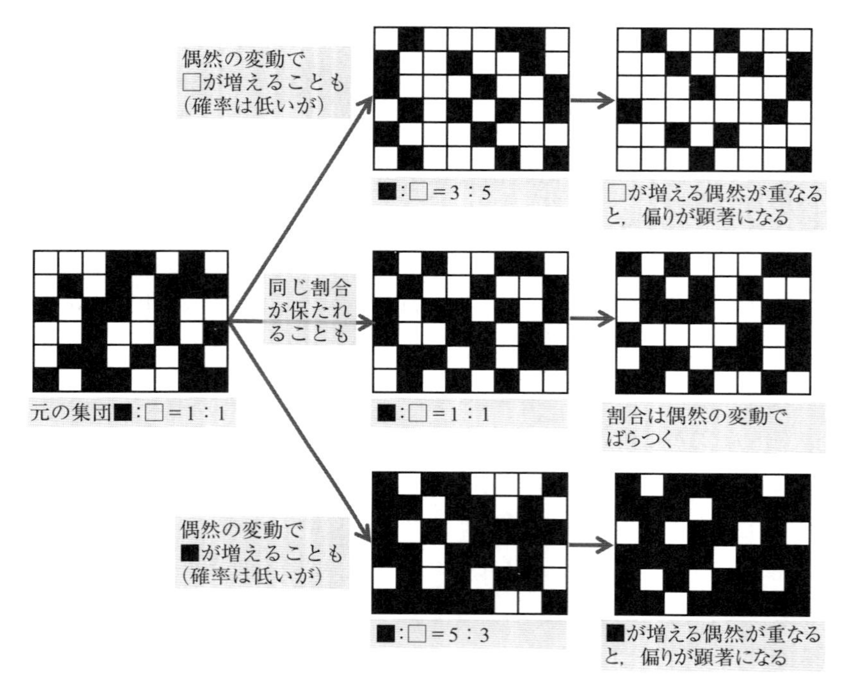

図 13-5　遺伝的浮動

確率的な過程により，個体群の中の遺伝的な組成は変化し得る。その際，特定のタイプが偶発的に増えたり減ったりすることがある。個体数が少ない場合には，このような変化（ゆらぎ）が生じやすい。

全ての条件の下で有利に生きられるわけではないことから，結果として場所により異なる種が生き残り，定着すると考えられる。

植物における**ストレス耐性種**（「コラム 8-1」を参照）は，幅広く変化する気象や地質の条件の中でも，植物の生育がかろうじて可能なところで生きられるように進化した種と考えられる。地球上には，極度に乾燥していたり，低温であったり，あるいは特定の種類の鉱物が基盤岩の中に多量に含まれていたりと，ほとんどの生物にとって生息に不適な，極端な気候や地質の条件の場所が存在する。もしこのような場所で生息が可能であれば，他に生息する種は少なく，種間の競争が弱いために，競争を勝ち抜く機会は多いと考えられる。植物の場合，高山植物，貧栄養地の植物，湿地の植物，海浜や砂丘の植物，石灰岩地や蛇紋岩地の植物などは，ストレス耐性種と考えることができる。

13.5.2　生物間相互作用の複雑さ

生物はほぼ例外なく，同種あるいは他種の個体と関係を持ちつつ生きている（第５章，第７章）。この関係を自らにとって有利に運べる形質を備え，かつ，それが遺伝するものであれば，そのような形質は自然選択によって個体群の中に広がるであろう。食う・食われるの関係においては，食われる側が防御のための仕組みを備えるようになって有利になり，食う側がそれに対抗する仕組みを備えるようになる，といった形で進化が進んでいくと考えられる。

ただ，防御のための仕組みや対抗のための仕組みは，生物が意図して作り出すことはできない。突然変異により偶然生じるか，あるいはもともと備えていたものであるけれど発現していなかった形質が発現した場合に，それがたまたま防御や対抗のために有利であれば，個体群の中に定着していく。

生物間相互作用が**進化**，そして新たな種の形成である**種分化**につながる可能性を持つことについては，次の**第 14 章**でもう少し詳しく説明する。

13.5.3　隔離

同じ種に属してはいるが，遺伝的な状態が異なる複数の個体群があり，相互の間で**遺伝的な交流**がなくなってしまった場合を考える。遺伝的な交流が起こらないためには，個体群間で個体の移動が起こらない状態，すなわち個体群の隔離が生じる必要がある。険しい山脈や大規模な河川，海洋など，移動を妨げる障害物によって個体群が隔てられている状態（**地理的隔離**）は，遺伝的な交流が起こらない可能性をもたらす。個体群の間で，繁殖の時期や繁殖のための行動や形態に違いが生じると，仮に個体群の間で個体の移動が起こったとしても繁殖はできない（**生態的隔離**）。

地理的隔離や生態的隔離が起こると，隔離されたそれぞれの個体群の中では，個体群にとっての環境に応じた自然選択や，個体群の中での遺伝的浮動によって遺伝的状態が変化する。遺伝的状態の変化は，個体の交流がある同一の個体群の中では広がり得るが，交流がない他の個体群には広がることはなく，結果として隔離された個体群相互の間で異なった方向での遺伝的な変化が起こり得る。個体群の間での遺伝的な差異が増していき，全ての個体群の総体としての種を捉えた場合，その中の遺伝的な多様性は増加する。

地理的な隔離は，**氷期・氷河期**や**海進**といった地史的な気候や海水準の変動に伴って過去に起こったと考えられている。日本の**高山植物**に，地理的な隔離の例を見ることができる。過去，日本がより寒冷な気候であった頃には，標高が比較的低いところまでこれらの植物は生育していたと考えられる。しかし最終氷期が終わり，気候が温暖化した結果，これらの植物が他の植物との競争に勝って生育し続けられる気温の場所は，北方を除けば高山の山頂付近に限定されるようになり，そうした場所でのみ今日生育している。高山の山頂の間で花粉や種子が移動することは難しいため，それぞれの山頂付近における植物の個体群は，相互に地理的に隔離された状態にある。

海洋中にある**火山島**の場合，最初は無生物状態であり，そこに外部からたどり着いた生物が徐々に定着して増えていくと考えられる。遠い島においては，大陸など外部から強度に隔離された状態にあるため，移りくる生物は限られる。そして，大陸などとは気候などの非生物的な環境が異なり，同所的に生息する生物も異なるため，他とは異なった進化をした生物種（固有種）が見られることが多い。

さらに大きな時間スケールを取り上げた場合，過去何億年にもわたって起こってきた**大陸の移動**と，それに伴う生物集団の隔離も，生物の進化に大きく関係していると考えられる。

地理的隔離や生態的隔離が進化，そして種分化につながる可能性を持つことについては，**第 15 章**でもう少し詳しく説明する。

引用文献

・環境省『平成 20 年版　環境／循環型社会白書』2008
・環境省「環境省レッドリスト 2020 掲載種数表」2020
2024 年 6 月 28 日現在，環境省の Web サイトよりダウンロード可能。
https://www.env.go.jp/content/900502268.pdf
・Chapman, A. D., *Numbers of Living Species in Australia and the World* (*2nd ed.*), Department of the Environment, Water, Heritage and the Arts, Australian Government, 2009
・加藤和弘「生物群集の種多様性と種組成の分析の方法」，『現代生物科学—生物多様性の理解—』松本忠夫，二河成男・編著，放送大学教育振興会，229-247，2014
・Stork, N. E., "The composition of the arthropod fauna of Bornean lowland rain forest trees", *Journal of Tropical Ecology*, 7, 161-180, 1991

参考文献

・鷲谷いづみ，矢原徹一『保全生態学入門—遺伝子から景観まで』文一総合出版，1996
・リチャード B. プリマック，小堀洋美『保全生物学のすすめ』文一総合出版，1997
・日本生態学会・編『生態学入門　第 2 版』東京化学同人，2012

14 生物の進化 1：種分化と種間関係

《目標＆ポイント》 第7章で説明したように，生物の種間には，時に密接な関係が存在する。ある種において，その種の個体の生活に強い関わりを持つ特定の他種との関係で有利になる形質が進化し，これに対応する形で相手方の種の形質も進化したと考えられる例は多々ある。密接な関係を持った複数の種が，互いに影響を及ぼし合いながらともに進化していく過程は共進化と呼ばれ，種の多様化が生じる要因の一つとされている。本章では，共進化に関わると考えられる種間関係の例を取り上げ，種間関係の深化が種分化や種の多様化に至る過程についての考え方を紹介する。
《キーワード》 種間関係，共進化，相利共生，片利共生，軍拡競争，托卵

14.1 他生物の影響で形質が変わる例

第７章で，ある種の鳥が他種の鳥の巣に産卵し，自分では卵や雛(ひな)の世話をすることなしに世話を他種に任せる**托卵**(たくらん)について触れた。托卵の習性を持つ鳥類のことを托卵鳥と呼ぶ。托卵は，種間関係においては**寄生**の一形態であり，托卵される側の鳥は宿主である。血縁関係のない卵や雛を，托卵鳥（真の親）に代わって育てることから，**仮親**とも呼ばれる。托卵は，それをされてしまう鳥にとってはきわめて有害である。卵を1個，雛を1匹余計に世話をすることで，その分の労力がかかるだけではすまない。托卵鳥によって産みつけられた卵は，多くの場合，仮親が産んだ卵よりも先に孵化(ふか)して雛となる。その雛は，巣の中で仮親が産んだ，まだ孵化していない卵を，巣外へ押し出してしまう。無事孵化し

た仮親の雛も，托卵鳥の雛によって巣外に押し出されてしまう。托卵鳥の雛は仮親の雛よりも大きな体に育つため，仮親の雛が生き残る可能性は小さい。そのため仮親は，その年には自分の子どもをほとんど，あるいは全く残すことができない。

托卵鳥は，どんな鳥にでも托卵するわけではない。仮親が雛に運んでくる食物は仮親の雛の成長に適したものであるが，それが托卵鳥の雛の成長にも適していなければならないからである。そこで托卵鳥は，**食性**がよく似た種を仮親に選ぶ。日本では，**ホトトギス**とその近縁種が托卵鳥として知られているが，これらの種はいずれも毛虫を好んで食べる。しかし，そのような食性の鳥は，日本にはほかにほとんどいない。そこで，できるだけ食性が近い昆虫食の鳥に托卵をする。托卵鳥のカッコウはオオヨシキリやモズを，ホトトギスはウグイスを，そしてツツドリはセンダイムシクイやメボソムシクイを仮親に選ぶが，仮親にされる鳥たちはいずれも，雛に食べ物として昆虫を運んでくる。

托卵される側（仮親）において何らかの対策がなければ，彼らの子どもの数は托卵によって減少し，その地域の個体群が危機に瀕するはずである。しかし，托卵鳥の個体が増えてその托卵による影響が顕著になると，托卵される鳥の側の行動にも変化が生じる例があることが知られている。例えば，巣に近づく他個体に対する**攻撃性**が高まり，托卵しようとする個体を巣の周りから追い払うようになる。**卵の識別能力**を高め，自分が産んだ卵ではない卵が巣の中にあった場合には，それを除去する行動も見られるようになる。托卵される鳥側の個体群においてこのような対応策が広まると，今度は托卵鳥にも，産みつける卵の形や色，紋様を托卵される側の卵にさらに似せて，簡単には見抜かれず，排除されないようにする変化が起こることがある。

托卵される鳥の側の抵抗が強くなったところに，食性が似た別の種が分布を広げてくることがある。新たに分布を広げてきた種が托卵鳥にとっての托卵相手としての条件★1を満たしていれば，托卵鳥はその種にも托卵するようになる場合がある。20世紀になって長野県に分布を広げてきたオナガは，それまでは主にホオジロに托卵していたカッコウと分布域が重なった結果，カッコウからの托卵を受けるようになった。そして，ほんの十数年でオナガへの托卵が大きく広がっていった（Nakamura，1990）。興味深いことに，やがてオナガの方も，巣に接近してきたカッコウへの攻撃，巣の中に産みつけられたカッコウ卵の識別と排除といった対応策をとるようになった。

このように，托卵する鳥とされる鳥の間で応酬が繰り返され，それぞれの行動や形質が変化していく例は，世界各地でいろいろな例が知られている。托卵する鳥が托卵に必要な形質や行動を発達させると，托卵される鳥はそれに対抗する。それに対して托卵する鳥もさらなる対抗策を講じるという関係は，しばしば軍事的に対立する2国間の関係，すなわち**軍拡競争**にたとえられる。托卵する側とされる側の間での応酬が，相手の軍備に対して対抗して自らの軍備を強化することを互いに繰り返しながら双方がともに変化していく，という軍拡競争に似ているからである（図14-1）。

こうした変化は，一部は**学習**能力によると考えられる。鳥類は自らが置かれた状況について学習する能力を持つため，托卵されることを繰り返すうちに，托卵を排除する手立てを身につける可能性がある。オナガのように同種個体の群れを形成する種の場合は，同種の個体間で**情報伝達**がなされる可能性も考えなければならない。しかし，托卵が盛んに行われる地域では，繁殖経験がないか少ない個体でも，巣に近づく他種の個体に対する攻撃性は高く，また，自分のものではない卵を識別して排除する傾向が大きい。攻撃性が大きい個体や，卵を識別して自分の卵に

★1 ――食性が類似している，また，自分の雛の方が仮親の雛よりも大きいといった条件。体が小さいと，雛同士の競争に負けて死んでしまう。

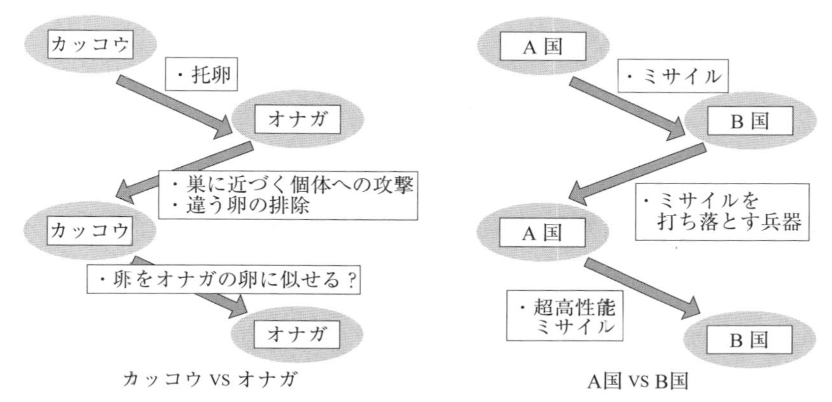

図 14-1　托卵する側・される側の関係と，軍拡競争

カッコウが，これまで托卵してきた相手（仮親）であるホオジロやモズの卵に似た卵を産むことは，既に知られている。今後，最近新たに仮親とするようになったオナガの卵に似た卵をオナガの巣に産むようになるかどうかは，まだわからないが，起こり得ることではある。こうしたやり取り，あるいは相互関係は，ある国の軍備に別の国が対抗し，これに最初の国がさらに対抗するという軍拡競争にたとえられる。

似ていないものを排除できる個体が，生存に有利になって生き残り，そのような性質が遺伝しているとも考えられている。

托卵鳥の卵の形質も，学習だけでは説明できない。例えば，同じ種であっても托卵する相手が異なると，卵の色や模様が異なる場合があることが知られている。カッコウと同じ属に分類されている近縁種のツツドリは，本州ではセンダイムシクイに托卵するが，その際に産み落とす卵は白っぽい色の地に褐色の斑点が散在するものだ（センダイムシクイの卵には斑点はないが，色は白い）。北海道で繁殖するツツドリはウグイスに托卵し，赤褐色の卵を産む。こちらはウグイスが産む卵とよく似ている（樋口，1995）。カッコウでも，仮親の卵とよく似た卵を産み落とす傾向があることが知られている★2（同）。このような，卵の色彩と紋様における**擬態**★3が起こる原因は，まだ完全には特定されていないが，より似ている卵ほど宿主による排除を受けにくいため，生き残りやすいことが関係している可能性が高い。

14.2 種の形質や行動に変化をもたらした種間関係の例

托卵のように，複数種間の関係がそれぞれの種の形質や行動に変化をもたらしたと考えられる例は，他にも多く報告されている。ここではその主なものを紹介する。

14.2.1 イチジクとコバチの共生関係

イチジクは，果物の一種としてよく知られている。まるで花が咲かないまま実ができるように見えることから，「無花果」と書かれるが，若い果実のように見えるのが実は**花序**であり，袋状になっているので**花嚢**（かのう）と呼ばれる。なお，花序とは集まってついている花の集団と，花を支える軸や枝などの構造をあわせたものである。**雌雄異花**で，1つの花嚢の中に多数の雄花と雌花が，ちょうど袋の内側をびっしり埋め尽くすようについている（図 14-2）。

このような花なので，人間がそれを花であると気づかないだけでなく，花粉を媒介する多くの昆虫もほぼ寄りつくことがない。**イチジクコバチ**という小さな昆虫のみが，花嚢のわずかな隙間から中に入り，雌花のめしべに産卵管を差し込んで卵を産みつける。卵からかえった幼虫は，その雌花が作った種子を食べて成長するが，産卵した雌は，花嚢の外に再

★2 ──ホオジロの巣に産み込まれる卵はホオジロの卵に，モズの巣に産み込まれる卵はモズの卵に似ている。カッコウの卵の模様には変異が大きいことから，今後，たまたまオナガの卵に似た卵を産むカッコウが現れることもあり得る。その場合，オナガの卵に似た卵を産む能力が，生き残りに有利な形質として定着する可能性がある。

★3 ──自らの身体などを，他のものに似せること。周囲の風景に溶け込ませて目立たなくする，毒性のある生物に似せることで捕食を回避する，等の例がよく知られる。この場合には，托卵を行う鳥が，産み落とす卵を仮親の卵に似せることを指す。

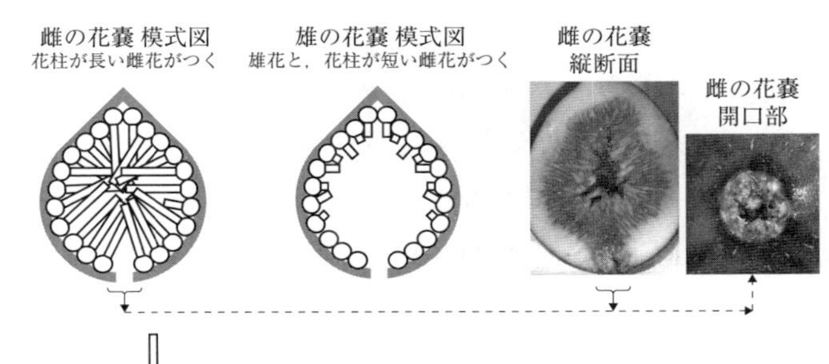

図 14-2　イチジクの花嚢
花嚢の内側には，雄花と雌花がびっしりとつく。イチジクの雌花には，花柱が長いものと短いものの 2 つのタイプがある。イチジクコバチが産卵するのは花柱が短い雌花で，花柱が長い雌花にはコバチは産卵できない。花嚢の中央には小さな穴（実際には入り組んだ複雑な形状をしていて，容易には中に侵入できない）が空いており，雌のコバチはここから花嚢の内部に入る。本図のように雄の花嚢と雌の花嚢を生じ，それぞれを異なる株につける種（イチジクなど）と，3 種類の花を同一の花嚢につける種（ガジュマルなど）がある。

び出ることはできずに，やがて死ぬ。

卵からかえった幼虫は成長し，蛹（さなぎ）を経て，2 カ月ほどで成虫になる。同じ花嚢の中で雄と雌が出会って**交尾**をする。交尾後に雌は花嚢から外に出ていくが，その際に雄花が作った**花粉**を運んでいく。このようにして花粉を運ばせるため，同じ花嚢の中で雌花が先に咲いて，雄花はイチジクコバチが卵から成虫にまで育つのに必要な時間だけ遅れて開く。花粉を運ぶのは，イチジクのためばかりではない。イチジクコバチが産卵する花にも花粉を運び，受粉させてやる必要がある。受粉しなかった場合は種子が成長せず，そこに産卵された幼虫は十分な栄養を得ることができずに死んでしまうからである。なお，雄のイチジクコバチだが，花嚢から外に出ることはない。成虫になって数時間の間に交尾をし，ほどなく生涯を終える。

イチジクは，イチジクコバチがいないと受粉されることがなく，種子を作ることができない。一方，イチジクコバチはイチジクがないと産卵できず，また産卵したとしても成長し繁殖することができない。このように2つの種は，非常に強い**相利共生関係**のもとにある。

イチジク属（*Ficus*）にはイヌビワ，ガジュマル，アコウなど約1000種近くの植物が含まれるとされるが，それらの種ごとに異なる種類のコバチが花粉を媒介する。これは，イチジクの種類ごとに花粉の運搬や産卵に適したコバチの条件が異なっており，ある種のイチジクにはそれに対応したコバチ，別の種のイチジクにはそれに最もよく適合したコバチ，というような変化が生じたからではないかと考えられる。

14.2.2　マメゾウムシとマメ科植物との食う食われる関係

マメゾウムシ類はコウチュウ目の一グループ（亜科）で，**マメ科**植物の種子，いわゆる豆を食物とする。害虫として知られ，また生態学における実験材料としても知られている。

このマメゾウムシ類だが，1つの種の個体が豆なら何でも食べてしまう，ということではなく，種ごとに食べる豆の種類がほぼ決まっている。しかも，異なる種の間で同じ種類の豆を食べることが少ない。シャープマメゾウムシはクララ（マメ科の多年草），ネムノキマメゾウムシやシリアカマメゾウムシはネムノキ（マメ科の高木），サイカチマメゾウムシはサイカチ（マメ科の高木），チャバラマメゾウムシはクズ（マメ科の多年草）というように，マメゾウムシ類と豆類の間には，食べる側の種と食べられる側の種が1種対1種の関係，あるいはそれに近い関係が成り立っていることが多い★4（嶋田，1994）。

★4 ——アズキのほか，エンドウ，ダイズ，ソラマメなども食べることができるアズキゾウムシのような例もある。また，アメリカ大陸では，こうしたいろいろな種類の豆を食べるマメゾウムシが見られるが，これはマメ科植物の量が多いなど，食物資源としての利用しやすさに違いがあることと関係している可能性がある。

このようなことが起こるのは，マメ科の植物がその種子（豆）の中にマメゾウムシの成長を阻害する物質（**成長阻害物質**）を含んでいて，かつその物質が植物の種類によって異なるからである。豆を食べる側は，成長阻害物質を分解する酵素（**分解酵素**）を備えるなどして対策をとることができるが，全ての成長阻害物質に対抗することは難しい。たまたまある種の豆に対して対抗できる個体が生じたとしても，別の種類の豆が持つ成長阻害物質には対処できない。それなら，成長阻害物質に対処できる種類の豆だけを食べ続けるのが，生きていく上で効率的である。おそらくはそうした経緯を経て，豆の種類ごとに対抗策を発達させたマメゾウムシ類の種が形成されたのだろうと推測される（図 14-3）。

14.2.3　ハチドリ類と花の関係

第 7 章で，動物による花粉の運搬（送粉）について説明した。主要な送粉者は昆虫であるが，鳥の中にも送粉に関わる種類がある。日本では，ツバキの花粉をメジロが媒介することが知られている。北米南部から中南米に多く生息する**ハチドリ科**（Trochilidae）には，300 以上の種が知られているが，花蜜を主要な食物とし，食物を得る際に花粉を媒介する。

このハチドリ類のくちばしは，空中で飛翔しながら花の蜜を吸うために，細長い形状をしている。種によっては，極端に長かったり，湾曲していたり，といった特徴を持っている。花冠が長い花の蜜を吸える種のくちばしは長く，花冠が湾曲している花を利用する種のくちばしは湾曲している。例えば，**トケイソウ**（パッションフルーツの仲間）の一種である *Passiflora mixta* は，花筒の基部が長く伸びていて，その底部に蜜をためている。ハチドリ類の中でもくちばしが極端に長い *Ensifera ensifera* という種類のみが，この花の蜜を利用できる。

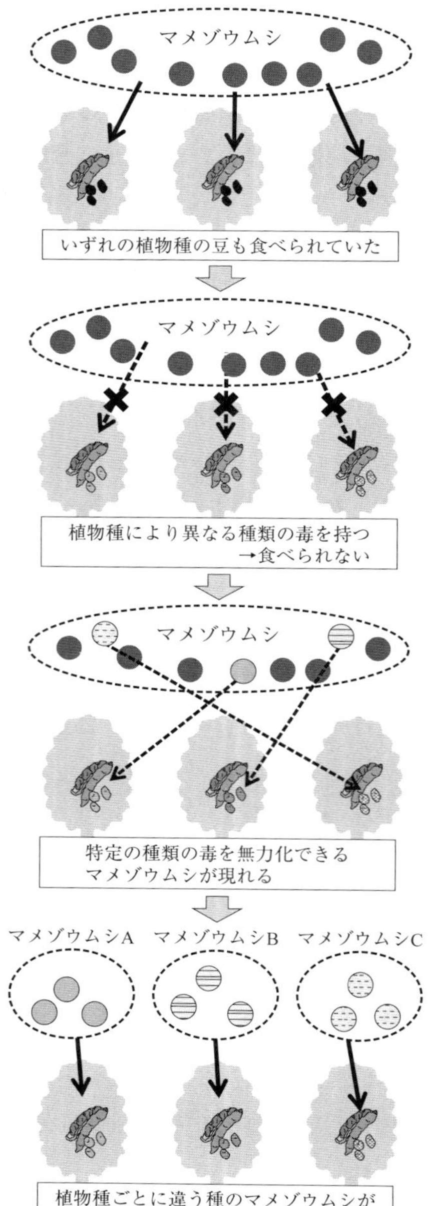

図 14-3　マメゾウムシと豆類の関係の変化

このように，特定の送粉者しか蜜を利用できないようにしたり，特定の花の蜜を利用するのに特化した形態を備えたりする性質は，長い時間をかけて形成されたものと思われる。特に熱帯地方では花の種類が多いため，自分と同じ種類の花ばかりを訪れる送粉者を利用できれば，受粉に成功する確率が上がる。いろいろな種類の花を訪れる鳥や昆虫に花粉を付着させても，同じ種類の花にその花粉が届けられるとは限らないからである。このような事情が，送粉者と花との間に**種特異的な関係**があることを，有利なものとしていると考えられる。

14.2.4　ダーウィンフィンチ類のくちばしの大きさの変化

『種の起源』で知られるチャールズ・ダーウィンが進化論の着想を得たといわれる**ガラパゴス諸島**には，そのダーウィンの名を冠した**ダーウィンフィンチ**という鳥が生息する。ダーウィンフィンチは，近縁の複数の属を含んでおり，そのうち地上性の *Geospiza* 属は，植物の種子を食物とする。

Lack（1947）は，ガラパゴス諸島のいくつかの島で，*Geospiza* 属に属する 2 つの種，*Geospiza fortis* と *Geospiza fuliginosa* のくちばしの高さを計測した。2 種のダーウィンフィンチの生息状況から，島をまず 4 つのグループに分けた。*G. fortis* のみが生息する島，*G. fuliginosa* のみが生息する島，両種とも生息する島，両種に加えて *G. magnirostis* という第 3 の種も生息する島などである。その上で，それぞれのグループにおいてそれぞれの種を 100 個体あまり捕獲して，個体ごとに嘴高（しこう）（くちばしの高さ）を計測した（図 14-4）。

その結果，*G. fortis* と *G. fuliginosa* の嘴高は，それぞれの種だけが住んでいる島では，ほとんど同じだった。2 種が同じ島に住んでいる場合は，*G. fuliginosa* のくちばしは 1 種だけが住んでいた場合よりも小さく，

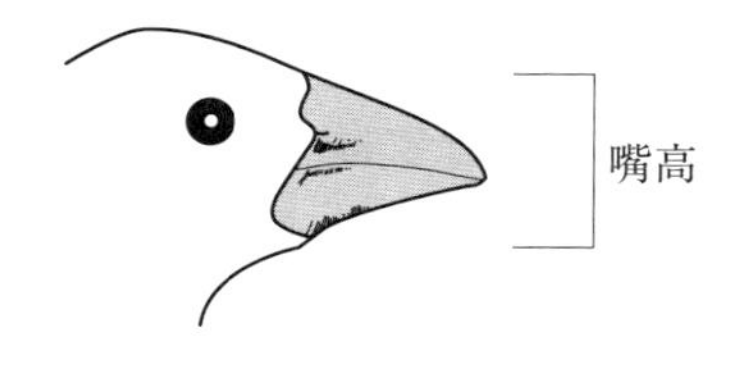

図 14-4　嘴高
嘴高が大きいということは，くちばしが太くがっしりしているということであり，硬い種皮を砕いて種子を食べるのに向いている。ダーウィンフィンチでは，種子食の種の嘴高は大きく，昆虫食の種の嘴高は小さい。

また *G. fortis* のくちばしはより大きかった（図 14-5）。したがって，*G. fortis* がより大きな種子を，*G. fuliginosa* はより小さい種子を利用するように進化したと考えられた。

なお，嘴高については，親の嘴高が高ければ子の嘴高が高いこと，つまり，遺伝する形質であることがわかっている。この結果から，本来同じような食物を利用する習性のある種が一つの島で共存するために，異なる大きさの食物を利用するように進化したと考えられる。もちろん，ダーウィンフィンチが自らの意志でくちばしの大きさを変えたわけではない。利用する食物のサイズが変わってくると，そのサイズの食物に適した大きさのくちばしを持つ個体が有利になり，より多くの子孫を残しやすい。自然選択のプロセスが作用して，くちばしの大きさに徐々に差が生じたと考えることができる。

14.3　共進化という考え方

ここまでに示した例において，生物の種間の密接な関係は，それに関わる生物種の形質や行動を時として変化させることを示している。そのような種間関係は，大きく 3 つに分けられる。

第一は，一方を犠牲にすることによって他方が利益を得る関係，例えば食う者と食われる者の関係にある種間で見られる変化である。食われる者は，不利益な種間関係から逃れるためには，食べられにくくなる形

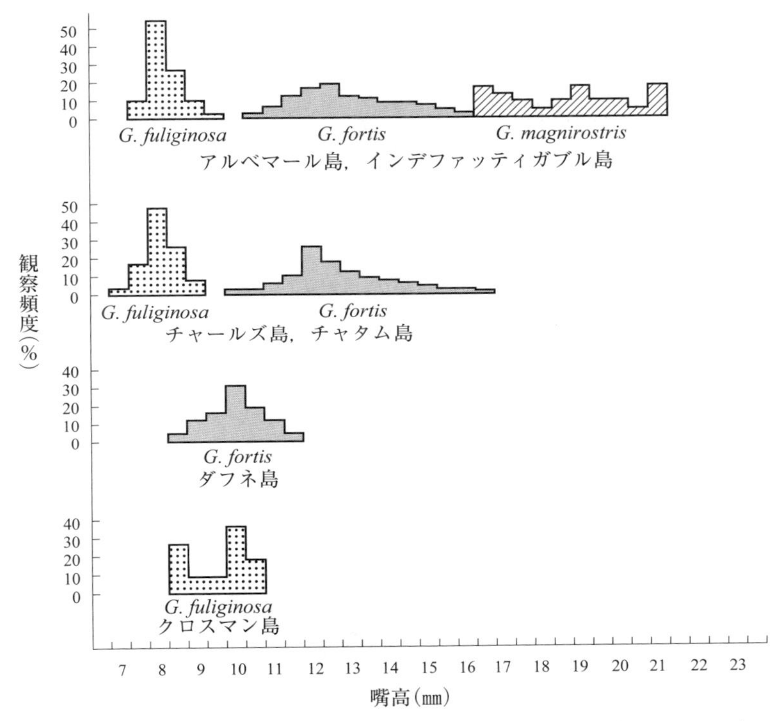

図 14-5　島ごとに違うダーウィンフィンチのくちばしのサイズ

上の 2 つのグループに属する 4 つの島には，*G. fuliginosa* と *G. fortis* の両種がおり，種間で嘴高に違いがある。ダフネ島とクロスマン島には一方の種しかいないが，この場合，嘴高は両種の間でほとんど差がない。両種が同じ島に共存することで，*G. fortis* のくちばしは大きくなり，*G. fuliginosa* のくちばしは小さくなったと考えられる。

出典：Lack, D., *Darwin's Finches*, Cambridge University Press, Cambridge, 1947, Fig. 17 をもとに改変

Darwin's Finches, David Lack, © Cambridge University Press 1983. Reproduced with permission of the Licensor through PLSclear.

質を備えた方が有利である。前述の豆類とマメゾウムシ類の例で食べられる側の豆の中には，成長阻害物質を中に蓄えるものが現れた。豆の種類によって成長阻害物質の種類が違い，かつ，それを無力化するために必要な生理的機構は成長阻害物質ごとに異なるため，食う者としては全ての豆に対応することは難しい。しかし，特定の成長阻害物質に対応できる生理的機構を備えた個体が現れると，対応可能な豆だけは利用できるようになる。この個体の形質が後の世代に遺伝し定着すると，その種類の豆は利用できるマメゾウムシの系統が成立する。豆とマメゾウムシそれぞれにおけるこうした変化が，それぞれの種の分化（**種分化**）にまで至れば，豆の種ごとにそれを食べるマメゾウムシの種が異なる，という現象が生じる。

寄生もまた同様である。寄生を避けるために宿主の形質が変わり，他方，それに対抗するために寄生者の形質も変わる。本章の最初に述べた托卵は，まさにこの例である。寄生者が産む卵の様子は，宿主となる特定の種の卵に次第に似てくる。そのため，特定の宿主にはよく托卵できるが，卵の様子が似ていない他の種を宿主とすることは難しくなる場合がある。このように，防御（被食者，宿主）側が攻撃を避ける能力を高め，対応して攻撃（捕食者，寄生者）側も能力を高めていく状況は，前述のように軍拡競争と形容される。

第二は，競争を避ける形で形質や行動が変わる場合である。ダーウィンフィンチのくちばしはその例である。同種の食物を巡る種間の競争がなければ，様々な大きさの食物を利用できるが，種間の競争がある場合には種ごとに異なった大きさの食物を利用するようになる。

第三は，相利共生関係にある種が，互いとの結びつきを強め，特殊化する形でそれぞれ変化していく場合である。イチジク類とイチジクコバチ類の関係がこれに当たる。

いずれの場合も，変化の結果として，特定の状況あるいは他の特定の種との関係に適した形質や行動がしばしば発達する。特定の種の豆しか摂食しないマメゾウムシ類，特定の種のイチジクしか利用しないコバチ類，特定の大きさの食物を食べるダーウィンフィンチ，特定の種のハチドリに受粉を依存する花，といった具合である。特定の状況に特化し，特定の資源の利用に専門化した方が，効率が上がるためであると考えられる。効率の上昇は，種間競争の回避や，特定の被食者や宿主の効率的利用，資源の独占といった状況からもたらされる。しかし一方で，食物や花粉媒介など，生きていく上で不可欠な資源について著しく専門化した結果，環境の変化には脆弱になる。他の種類の資源を利用できないためである。

専門化に伴う個体の形質の変化の程度は，小さいものから大きいものまで様々である。本州のツツドリと北海道のツツドリとで生まれる卵の色や模様が異なる，あるいは，島によってダーウィンフィンチの同じ種でもくちばしの太さが違う，といった種内での変異にとどまる場合もあれば，マメゾウムシ類と豆の関係や，コバチ類とイチジク類の関係のように，それによって引き起こされた変化が種分化にまで至ったと考えられるものもある。このように，密接な関係のもとに置かれた種が，種間関係を自分にとって有利なものにしようする方向で変化し，それが遺伝的な状態の変化に至った場合には，共進化と表現される。共進化は，生物の進化，あるいは今日の生物多様性の起源を説明する際の主要な考え方の一つである。

引用文献

・樋口広芳，“托卵習性に見る鳥類の繁殖適応”，*Journal of Reproduction and Development*, 41(6), j127-j133, 1995

・Lack, D., *Darwin's Finches*, Cambridge University Press, Cambridge, 1947

・Nakamura, H., "Brood parasitism by the Cuckoo *Cuculus canorus* in Japan and the start of new parasitism on the Azure-winged Magpie *Cyanopica cyana*", *Japanese Journal of Ornithology*, 39, 1-18, 1990

・嶋田正和「ダイナミックなマメゾウムシの世界―1粒の豆から広い野外まで」，『シャーレを覗けば地球が見える』藤井宏一，嶋田正和，川端善一郎・編，平凡社，13-96，1994

参考文献

・樋口広芳『赤い卵の謎』思索社，1985

・樋口広芳『日本の鳥の世界』平凡社，2014

・嶋田正和「種間競争とニッチ」，『動物生態学』伊藤嘉昭，山村則男，嶋田正和・編，蒼樹書房，277-307，1992

15 生物の進化２：孤立した生物生息場所が持つ意味

《目標＆ポイント》 第９章で述べたように，生物生息場所が分断されて孤立化した場合，そこに取り残された個体群には，個体群の消滅にもつながり得る不利益な状況が生じる。しかし一方で，孤立した個体群がきわめて長期間にわたって存続できた場合には，その個体群の遺伝的な状態が徐々に変化し，時には新たな生物種の分化へと至ることもあり得る。このような現象が実際に起こったと考えられるのが，海洋の中に孤立して存在する海洋島である。地球上にはガラパゴス諸島，ハワイ諸島，小笠原諸島などの海洋島があるが，人為的な影響が小さな場所ではいずれも固有性の高い生物が見られる。本章では海洋島を例に挙げながら，生物生息場所の地理的な隔離が生物の進化に結びつくという考え方を紹介する。
《キーワード》 海洋島，地理的隔離，種分化，適応放散，創始者効果

15.1 海洋島における生物相の特徴

15.1.1 海洋島と大陸島

東京から南に向かって太平洋の所々に，中小の島々がほぼ一列に連なっている。日本の領土では，北部が伊豆諸島，南部が小笠原諸島であり，その南にはマリアナ諸島（アメリカ合衆国自治領）がさらに連なる。これらを構成する島々は，火山としての活動年代に違いはあるが，いずれも**海底火山**の山頂が海上に現れたものであり，過去に大陸と陸続きになっていた時期はない。このように，過去に大陸と陸続きになったことがないか，あるいは大陸から分離してから非常に長い時間が経過した島

を**海洋島**と呼ぶ。

世界には多数の海洋島がある（図 15-1）。インド洋のセイシェル諸島のように古い大陸の断片が島となって残っているとされるものもあるが，海洋島の多くは海底火山やサンゴ礁を起源とする。日本国内では，小笠原諸島と同じくらいの緯度に沖縄諸島が位置するが，こちらは過去数百万年間に複数回あった氷期に何度か大陸と陸続きだったことがあり，海洋島と対比して**大陸島**と呼ぶ（同じ沖縄県の島でも，大東諸島は島としての成因が沖縄諸島とは異なり，大陸と陸続きになったことがないので，海洋島である）。なお日本列島も，面積は沖縄諸島に比べてずっと大きいが，大陸島である。

大陸島の場合，大陸とつながっていた時期に，陸伝いで生物が移動することができた。その後大陸から切り離されても，既に移動を済ませた生物はそのまま，あるいは種分化を経て生き残り，島の生物群集を構成する。例えば，沖縄諸島における著名な生物の一つである毒蛇のハブ類（ヒメハブ，サキシマハブ，ハブ，トカラハブなど）は，大陸から渡ってきて定着し，沖縄諸島が大陸から切り離された後も生き残った★1。

海洋島の場合，生物は海を越えなければ島に到達（**移入**）できない。人間が運び込んだものを除けば，以下の 3 つのうちのどれかの経路で島にたどり着いたはずである。

①海面を漂うか，泳ぐ。

②空を飛ぶか，風に飛ばされてやってくる。

③上記の方法で移動する他の生物にくっついて移動する。

このため，**大陸**★2 から離れているほど，島に生物が到達する機会は

★1 ――ただし，氷期には海水面が下がり間氷期には上昇する形で，海水面の上下が繰り返されており，海面上昇期に水没した島にはハブ類が生き残っていないとされる。また，大東諸島にはハブ類は最初から侵入していない。

★2 ――島に到達する生物の供給源となる大面積の陸地。地理学的な意味での大陸である必要はない。伊豆諸島や小笠原諸島にとって，本州はこの意味では十分に「大陸」である。

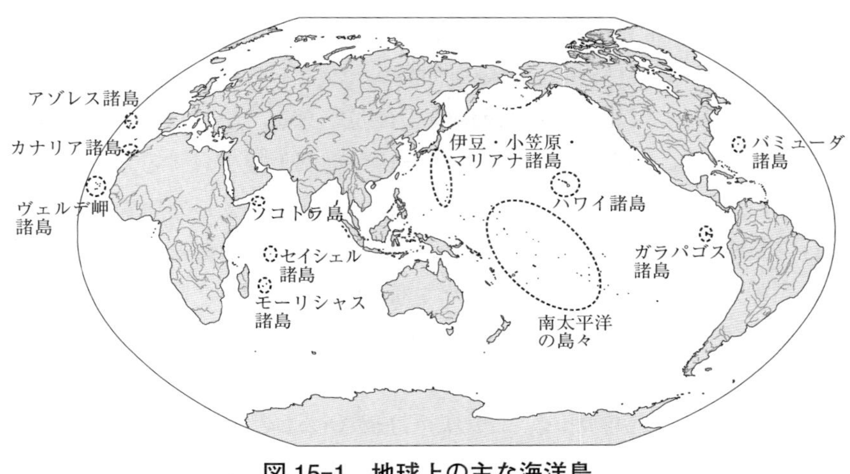

図 15-1　地球上の主な海洋島
名を挙げていないものも多数ある。

少なくなる。生物が島に到着する可能性がこのように小さいことが，海洋島の生物群集に他の生物群集とは違った特色を与えている。

15.1.2　海洋島の生物群集の特徴

島に生物が到着する機会が限られている結果，海洋島における生物の種類数は，同じ面積の大陸島や，大陸の中の同面積の土地と比べて少ない。また，大陸や大陸島において，生態系の中で重要な役割を持っている種類が，しばしば欠けてしまう。例えば，大陸島である本州や九州，沖縄本島の林において，一次生産の中心となる植物，つまり林における優占種はブナ科の高木樹種（シイ，カシ，ナラ，ブナの仲間）であるが，海洋島である伊豆諸島にはスダジイのみが分布し，小笠原諸島にはブナ科の植物は全く分布していない。針葉樹も，小笠原諸島に生えているのはヒノキ科のシマムロ 1 種のみである。このように，生物群集の中での種の構成が，通常見られるものから大きく異なっている状態を**非調和**と呼び，海洋島における生物群集の特徴の一つである。

海洋島においては，動物の**種組成**も貧弱である。小笠原諸島の場合，在来の哺乳類はオガサワラオオコウモリがただ1種生息するだけで，爬虫(はちゅう)類は2種が生息するものの，両生類は1種も生息していない（人間が持ち込んだものを除く）。小笠原諸島で上位の**捕食者**と言えるのは，猛禽(もうきん)類のオガサワラノスリ★3ただ1種であり，植物を昆虫が食べ，それをトカゲや小鳥が食べ，それらをオガサワラノスリが食べるという，日本の本土と比べてかなり単純な**食物網**が形成されている。

一方で海洋島の生物相は，その島にしかいない生物，つまり**固有種**が占める割合（固有種率）が高いという別の特徴を持つ。**表15-1**は，海洋島から構成される3箇所の諸島と，日本，ドイツについて，主な生物群の固有種率を示したものである。広大なユーラシア大陸の一部であるドイツは，日本とほぼ同じ面積だが，取り上げた生物群については固有種はいない。生物に国境はなく，ドイツに生息する生物種は，その隣接国にもだいたいが生息している。島国である日本の場合，国の周りは全て海で取り囲まれているので，陸上の生物が海を越えて移動することには制約があり，そのため，国として見ると**固有種率**は比較的高い★4。そして海洋島では，さらに高い固有種率が記録されている。外部から生物個体が到達する機会が稀で，生息する種の数は少ないが，その中に固有種が占める割合は高いのだ。海洋島のこの状況は，過去に島にやってきた生物を祖とする個体群は，もともとの個体群とは**遺伝子構成**（遺伝的な状況）が異なったものに変化しやすいことを示唆する。これは，次

★3 ――本土に生息するノスリの亜種で，小笠原諸島に固有。亜種は，種よりも下位の分類学的区分。

★4 ――小笠原諸島など海洋島を含んでいるため，そこにおける固有種が日本の固有種としても数え上げられる，という側面ももちろんある。しかし，本土だけを考えても，ニホンザルやシマヘビなど日本国内では珍しくない種が国外では見られない，というように固有種の生息が認められる。

表 15-1　地域による固有種率の違い

	ガラパゴス諸島	ハワイ諸島	小笠原諸島	日本	ドイツ
哺乳類	9(89)	1(100)	1(100)	188(22)	76(0)
鳥類	46(24)	52(90)	15(73)	250(8)	239(0)
両生類	0	0	0	61(74)	20(0)
維管束植物	566(43)	1099(86)	441(37)	5565(36)	2632(0)

数字はそれぞれの諸島ないし国における生息種数，カッコ内の数字は固有種率で，生息する固有種の数を生息種数で割った商を百分率で表したもの（小数点以下四捨五入）。生息種数には外来種を含まない。小笠原諸島の場合，もともと生息していた哺乳類はオガサワラオオコウモリ 1 種のみだが，現在はこれに加えてヤギ，イエネコ，クマネズミ，ドブネズミ，ハツカネズミの 5 種の外来哺乳類が野外で生息する（川上，2019）。
出典：清水善和『小笠原諸島に学ぶ進化論』技術評論社，2010，および環境省『日本の自然』2007 に基づき作成

のような過程で起こると考えられる。

島に渡ってきた生物は，大陸にいた生物の個体群のごく一部であり，大陸の個体群の遺伝子構成の代表的な部分を反映しているとは限らない。渡ってきた個体の子孫はその個体の遺伝的な状態を受け継ぐため，渡ってきた個体の遺伝的な状態によっては，大陸の個体群と島の個体群とでは遺伝子構成が大きく異なることになる。このように，島に渡ってきた少数の個体が島に創設される新たな個体群の遺伝子構成を決めてしまうことを，**創始者効果**と呼ぶ（図 15-2）。これに，少数個体からなる個体群で影響力を持ちやすい**遺伝的浮動**（第 13 章）が組み合わさると，大陸の個体群とは遺伝子構成が異なった個体群が島において成立する可能性が高くなる。島では，気候や地形，地質の条件，さらに生物的条件が，大陸のそれとは大きく異なることが多い。こうした環境の違い

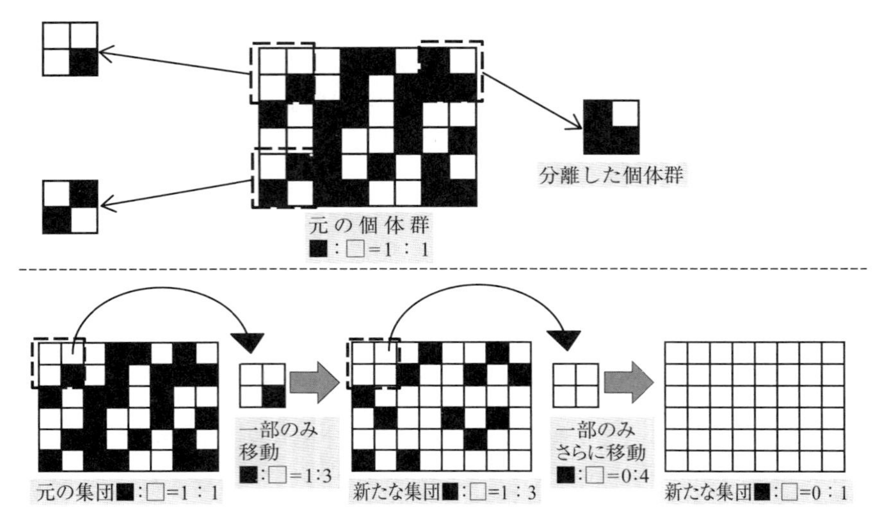

図 15-2　創始者効果

元の（大陸における）個体群の一部が島（など孤立した生息場所）にたどり着いた場合，到達した個体群の遺伝的な組成は，元の個体群の組成とは大きく異なるかもしれない（創始者効果，上図）。到達した個体群が成長し，そこからさらに一部の個体が別の島にわたるようなことがあれば，遺伝的な組成はさらに異なった（偏った）ものになり得る（下図）。

は，自然選択のあり方に影響を及ぼす。そして，大陸とは異なる自然選択圧が，島に特徴的な生物形質の進化を促す。

海洋島の場合，生物の特定のグループが多様な種に分化（**種分化**）していることがしばしばある。前章でも触れたガラパゴス諸島の**ダーウィンフィンチ類**の例が有名だが，ハワイ諸島の**ハワイミツスイ類**（図15-3）や**ハワイショウジョウバエ類**★5，小笠原諸島の陸産貝類も同様である。

生物の特定のグループが多様な種から構成され，グループ全体では多様な**資源**を利用しているという状況は，海洋島にかつて上陸した種が，

★5 —— 1ないし数種の祖先がハワイ諸島に入った後に，1000種にも分化した例として知られる。世界のショウジョウバエ科の総種数の3分の1を上回る種数である。

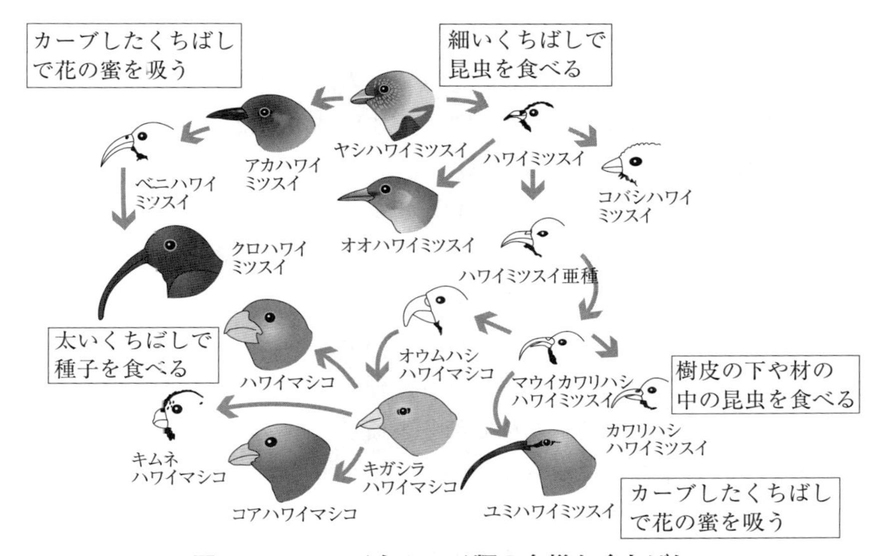

図 15-3　ハワイミツスイ類の多様なくちばし
くちばしの形状によって利用する食物が異なるのは，**第 14 章**で紹介したダーウィンフィンチと同様。
出典：松本忠夫『生物圏の科学』放送大学教育振興会，2012，p.84，図 5-7 をもとに改変

その後多様な種に分化した可能性を示唆する。大陸から離れた島には渡ってくる種が少ないため，利用可能な資源（あるいは**ニッチ**）があってもそれを利用できる種がおらず，利用されないままの状態になっていることが起こりやすい。利用されていない資源を利用するようになった個体の子孫では，その資源の利用により適した形質を持つ個体が生き残りに有利になる。そして，異なる資源を利用する個体群の間では**交雑**も起こりにくくなるため，それぞれの資源の利用に見合った形質が自然選択によって定着し，長い時間を経て，それぞれの個体群が新しい種にまで分化していったと考えられる。このような過程を**適応放散**と呼ぶ。

競争者や捕食者が少ない状況で長年生きてきた種が，いきなり未知の競争者や捕食者に直面した場合，それらへの対抗や防御をすることができずに劣勢に立たされることが起こりやすい。海洋島に固有な生物種の多くは**外来種**の侵入に対して脆弱であり，外来種の侵入と分布拡大によって各地で衰退しつつある。小笠原諸島では侵入した**グリーンアノール**（中米由来のトカゲの一種）が固有昆虫種を捕食することでその個体数を激減させ，人間が持ちこんだネコやクマネズミは海鳥の巣を襲っている。ヤギ，ウシガエル，セイヨウミツバチ，ニューギニアヤリガタリクウズムシなど島の外から持ち込まれた動物や，アカギ，モクマオウといった外来の植物は，捕食や種間競争を通じて小笠原に元から生息していた動植物（**在来種**）を減らしている。

ハワイ諸島でも，クマネズミをはじめとする人為的に持ち込まれた生物が，在来の固有生物を大きく圧迫している。動物だけでなく外来の植物も多く定着し，在来の植物を減らしている。ガラパゴス諸島でも，ヤギやブタ，イヌ，ネコなど人間が持ち込んだ動物や植物が，貴重な在来生物種の減少の要因となっている。このように，それまでになかった生物との新たな種間関係にさらされた時の**脆弱性**もまた，海洋島の生物相の特徴として認められる。

15.2　小笠原諸島と伊豆諸島

特徴的な生物群集が見られる海洋島の例として，生態学の教科書ではガラパゴス諸島やハワイ諸島が取り上げられることが多い。ここでは，日本人にとってより身近な海洋島としての**伊豆諸島**，**小笠原諸島**（図15-4）を取り上げ，そこで見られる生物が前節で紹介した特徴を確かに備えていることを説明する。

伊豆諸島は，海洋島といっても本州から比較的近く（伊豆大島と伊豆

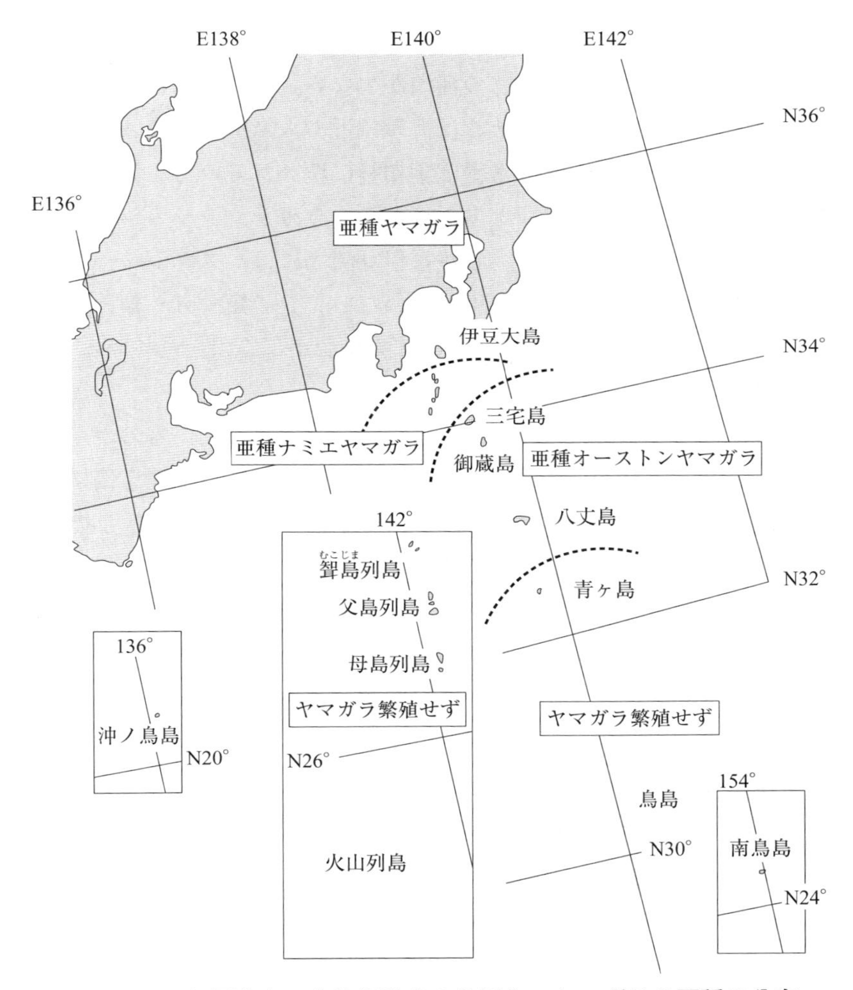

図 15-4　伊豆諸島，小笠原諸島の位置と，ヤマガラの亜種の分布
小笠原諸島は南に遠く離れているため，3 つの枠内に示した。小笠原諸島のどの島でも，ヤマガラは亜種を問わず分布していない。

半島の間は最短で約 25 km)，生物は容易に移動できそうにも思える。それでも，本土に比べると生物の種類が少ない。伊豆諸島に最も近い本州の土地は伊豆半島であり，そこは海岸付近や人為的に改変された場所を除くと，標高が低い場所は**常緑広葉樹林**に覆われている。**スダジイ**や**タブノキ**に加え，**カシ**の仲間（アカガシ，アラカシ，シラカシ，ウラジロガシなど）も多く生育する。しかし伊豆諸島には，スダジイやタブノキは生育するもののカシ類は自生していない。シイ類やカシ類の果実はいわゆる**ドングリ**で，海を越えて運ばれる機会がごく限られているため，カシ類が自生していないものと考えられる。

鳥類は移動能力が大きいため，伊豆諸島には本土と近いものが生息していそうに思えるが，そうはなっていない。**キツツキ**の仲間を例に挙げると，伊豆半島ではオオアカゲラ，アカゲラ，アオゲラ，コゲラの 4 種類が繁殖しているのに対し，伊豆諸島ではコゲラ（正確には，伊豆諸島に固有の**亜種**であるミヤケコゲラ）のみが繁殖する。**シジュウカラ**の仲間は，伊豆半島ではシジュウカラ，ヤマガラ，ヒガラ，コガラの 4 種類が見られるのに対し，伊豆諸島で繁殖しているのはシジュウカラと**ヤマガラ**の 2 種である。

ヤマガラの場合，本土のヤマガラ（亜種ヤマガラ）と伊豆諸島のヤマガラとでは形態が微妙に異なり，異なる亜種に属するものとされている(図 15-4)。最も本土に近い大島には本土と同じ亜種ヤマガラが生息するが，その南にある利島（としま）から神津島（こうづしま）にかけて生息するヤマガラは，亜種ナミエヤマガラ（この地域の**固有亜種**）に分類されていて，亜種ヤマガラとは大きさや模様がやや異なる。さらに南の三宅島から八丈島にかけて分布する亜種オーストンヤマガラ（この地域の固有亜種）は大型で，顔の模様が亜種ヤマガラや亜種ナミエヤマガラではクリーム色なのに対し，濃い橙色をしている。2000 年の三宅島噴火後に，亜種オーストンヤマガラが神津島で見つかったこともあり，島の間を移動する能力は持っていると考えられるが，通常はそれぞれの島の中で生息していて，島の間での交雑はほぼなく，形質に違いが生じた可能性が高い。

鳥の巣に侵入して卵や雛（ひな）を**捕食**する**ヘビ**は，鳥類の繁殖に大きな影響を与える。しかし，三宅島には，鳥やトカゲを捕食するヘビは生息していない。過去の噴火で絶滅したのか，あるいは最初から到達していないのかは不明であるが，長年にわたって捕食者としてのヘビが存在しなかったことが，三宅島において鳥類や**オカダトカゲ**（日本固有種）の多数の個体が生息することにつながっていたと考えられる。もっとも，1980 年代にネズミ駆除のために島に放された**イタチ**が，鳥類やトカゲにとっての**捕食者**となったため，鳥類もオカダトカゲも個体数が激減した。

このように，伊豆諸島の生物群集を概観しただけでも，以下のような海洋島の生物群集の特徴が現れていることがわかる。

①生物の種数が大陸（この場合は本州）よりも少ない。

②種の構成が通常のものと異なる非調和の状態である（常緑広葉樹林における主要な優占種であるカシ類が生育しない，主要な捕食者であるヘビが生息しない島がある，など）。

③固有の亜種が見られる（ミヤケコゲラ，オーストンヤマガラなど）。

④**外来種**の侵入に対して脆弱である。

しかし，海洋島の生物群集の特徴としてもう一つ挙げた次の特徴⑤は，伊豆諸島には見られない。

⑤特定のグループが多様な種に分化していることがある。

これは，ガラパゴス諸島やハワイ諸島，小笠原諸島などが，島として成立してから数百万年から数千万年が経過しているのに対し，伊豆諸島の島々はそれよりもはるかに新しく，数万年から数十万年前にできた島であり，種の分化に必要な時間が経過していないことが関係していると考えられる。

次に**小笠原諸島**を見てみよう。小笠原諸島は，数千万年前にははるか南方にあったものが，地殻の運動に伴って現在の位置まで移動してきたものと考えられている。周囲にはほかに陸地はなく，外部からの生物の移入は非常に起こりにくかった。その結果，「**15.1.2　海洋島の生物群集の特徴**」の冒頭で述べたように，本土の高木群落の主要な構成種であるマツ科やブナ科の植物を欠き，哺乳類，爬虫類，両生類も，いないか，1，2 種のみの生息であるという，きわめて非調和の生物群集となっている。

一方で，固有の生物種は非常に多い。維管束植物の場合，小笠原諸島全体では 441 種★6 が記録されているが，その 4 割に近い 161 種が小笠原諸島の固有種である（**表 15-1**）。陸生の鳥類は 15 種と少ないが，そのうちの 73 %が固有種である（**表 15-1**）。このように，海洋島の生物群集に関する上述の①～③の特徴は，小笠原諸島の生物群集には明確に現れている。

四番目の特徴である，外来種の侵入に対して脆弱である点も，残念なことに今日の小笠原諸島の生物群集によく現れている。人間が持ち込んだ生物による影響についての概要は既に述べたが，それ以外にも人間が島に入った後に，固有の鳥類のうち，オガサワラカラスバト，オガサワラマシコ，オガサワラガビチョウが既に**絶滅**しており，メグロも 2 つの亜種のうちムコジマメグロが絶滅し，現在見られるのは亜種ハハジマメグロだけである。このほか，さらに 2 つの亜種，ハシブトゴイとマミジロクイナの絶滅が記録されている。

種の分化は，伊豆諸島に比べて島としての歴史がはるかに古い小笠原

★6 ――植物に限らず，種数の記録は記録作成者や作成年代により結果が異なる。数字はおおよその目安と考えていただきたい。

諸島では顕著に見られる。最もよく知られているのが，**陸産貝類**の種分化である。小笠原諸島の陸産貝類は移入種を除いて 100 種あまりが記録されているが，この 9 割以上が固有種である。これは，最初に小笠原諸島に到達した陸産貝類が定着した後，適応放散が起こった結果と考えられる。なお，この陸産貝類も，およそ 5 分の 1 の種が既に絶滅してしまった。植物でも適応放散が起こったと考えられる例がいくつか知られている。前章で紹介したイチジクの仲間は，小笠原諸島の中で 3 種（したがって，コバチの仲間も 3 種）に分化しており，トベラやムラサキシキブなども複数の種に分化したと考えられる。

もう一つ，海洋島における特徴的な現象として，**草本植物の木本化**を挙げておく。他の地域に生育する近縁の植物は草本植物として生きているのに，海洋島では木本植物のように，あるいは完全に木本植物と化して生育している種類がある。海洋島の場合，背が高くなる木本植物の侵入が遅れることがあり，その場合，本来なら木本植物が占有する空間をも草本植物が利用しようとして，背が高くなる形質が**自然選択**されると考えられる。これは**適応放散**の一形態と言える。ガラパゴス諸島で高木林を形成するスカレシア（キク科）の例が有名だが，小笠原諸島には樹高数 m 程度になるワダンノキと，草本植物ではあるが，茎の株は木質化し，草丈も 2 m にまで達するオオハマギキョウが生育する（清水，2010）。

15.3　オーストラリア大陸とマダガスカル島

海洋島に見られる生物群集の特徴についてここまで紹介した。過去の長い期間における海洋島のありようが，今日の海洋島の生物を育んできたものであり，その過程には進化の働きが密接に関係している。

海洋島と同様に，他の陸地から長期間にわたって隔絶された土地では，その土地独自の生物種が進化によって多数生み出され，独特の生物群集が成立したと考えられる。その代表的な例が，**第２章**で大陸によって生物相が異なることがあることを説明する際に触れた，**オーストラリア大陸**である。現在の最も一般的な学説では，オーストラリア大陸は南極大陸とともに1億4000万年前頃（**ジュラ紀**の終わり頃）に残りの大陸から切り離された。以後，他の大陸との間で生物が行き来する機会は限定され，オーストラリア大陸の生物は独自の進化（特徴的な哺乳類のグループである**単孔類**や**有袋類**の出現はその象徴）を遂げたと考えられている。なお，南極大陸は5000万年前頃にオーストラリア大陸から分離したと考えられる。その頃は広く森林に覆われて多くの生物が生育していたと見られ，有袋類を含む動物や植物の化石も出土している。

オーストラリアと同じ頃に他の大陸から切り離された土地に，**マダガスカル島**がある。この島も，その後他の大陸との間で生物の交流がほとんどなかったため，今日ではやはり独特の生物群集ができあがっている。

このように，海洋など地理的な障壁によって他の生物生息場所からの生物の移動が断たれてしまった状態，すなわち**地理的隔離**が長期間続くことで，隔離された土地では他の土地とは異なる方向で進化が起こり，独特の生物群集が形成され得る。生物の生息を規定する要因として説明した気候や地形，生物的要因は，ここでは自然選択のあり方に影響する要因として働く。日常の生活において，生物にとっての環境はその生存にとっての適否を定めるものとなるが，長期的には，生物のそれぞれの種のあり方を決めるものでもある。

引用文献

・環境省『日本の自然』2007，https://www.env.go.jp/content/900492594.pdf
・清水善和『小笠原諸島に学ぶ進化論』技術評論社，2010
・松本忠夫『生物圏の科学』放送大学教育振興会，2012
・川上和人「小笠原諸島における撹乱の歴史と外来生物が鳥類に与える影響」，『日本鳥学会誌』，68，237-262，2019

参考文献

・樋口広芳『赤い卵の謎』思索社，1985
・樋口広芳「生物多様性―その意味，仕組，進化，保護―」，『Strix』，13，1-30，1994
・長谷川雅美「はじめに島ありき―伊豆・小笠原弧の生物地理と生物群集形成史」，『日本生態学会関東地区会会報　第 58 号』，25-30，2009
・松本忠夫『動物の生態』裳華房，2015

索引

●欧文はアルファベット順，和文は五十音順に配列。

●さ　行

●た　行

●な　行

●は　行

●ま　行

●や　行

●ら　行

●わ　行

著者紹介

加藤　和弘（かとう・かずひろ）

1963年　東京都に生まれる
1986年　東京大学教養学部基礎科学科第二卒業
1991年　東京大学大学院総合文化研究科博士課程修了
現在　放送大学教授・博士（学術）
専攻　環境生態学・景観生態学

主な著書　『ビオトープの基礎知識』（共訳，日本生態系協会，1997）
『ランドスケープエコロジー　ランドスケープ大系第５巻』（編集・分担，技報堂出版，1999）
『河川生態環境評価法』（分担，東京大学出版会，2000）
『都市のみどりと鳥』（朝倉書店，2005）
『鳥の自然史―空間分布をめぐって』（分担，北海道大学出版会，2009）
『造園大百科事典』（編集・分担，朝倉書店，2022）
『Ｒによる数値生態学』（監訳・共訳，共立出版，2023）

放送大学教材　1760220-1-2511（テレビ）

改訂版　生物環境の科学

発　行　2025年3月20日　第1刷

著　者　加藤和弘

発行所　一般財団法人　放送大学教育振興会
〒105-0001　東京都港区虎ノ門1-14-1　郵政福祉琴平ビル
電話　03（3502）2750

市販用は放送大学教材と同じ内容です。定価はカバーに表示してあります。
落丁本・乱丁本はお取り替えいたします。

Printed in Japan　ISBN978-4-595-32532-8　C1345